中国中学生百科全书

（校园版）

U0256429

中国大百科全书出版社

图书在版编目（CIP）数据

中国中学生百科全书：校园版.物理 /《中国中学生百科全书》编委会编. --北京：中国大百科全书出版社，2019.10

ISBN 978-7-5202-0580-1

Ⅰ.①中… Ⅱ.①中… Ⅲ.①科学知识—青少年读物 ②物理学—青少年读物 Ⅳ.①Z228.2 ②O4-49

中国版本图书馆CIP数据核字（2019）第214126号

中国中学生百科全书（校园版）

物　理

中国大百科全书出版社出版发行

（北京阜成门北大街17号　电话：88390718　邮政编码：100037）

北京九天鸿程印刷有限责任公司印制

开本：720毫米×1020毫米　1/16　印张：8　字数：200千字

2019年10月第1版　2020年5月第2次印刷

印数：10001～13000

ISBN 978-7-5202-0580-1

定价：26.00 元

前　言

《中国中学生百科全书》（校园版）10分册按照学科内容进行分类，共分为《数学　化学》《物理》《生物》《中国历史·地理》《世界历史·地理》《语文》《艺术》《体育　医学》《成长驿站》《社会　法律　科学》。与《中国中学生百科全书》精装四卷本相比，10分册是增补更新版，既继承了其优点长处，又增加了新的知识点，更新了许多数据、图片。

《中国中学生百科全书》贯穿着这样的编纂理念，即不仅要把中学生培养成为知识丰富、全面发展的人，还要成为了解社会、善于处世的人，更要成为思维活跃、领先潮流的人。通过使用本书，读者可以具备一个合格的中学生应该有的能力：

1. 口头和书面语言表达能力。这一能力对将来从事任何一项工作都很重要。

2. 对社会科学、文学、历史、地理的综合理解力。这是基本能力培养的基础。

3. 数学的实际应用和理解能力。理解数学法则是基础，更要培养学生的实际应用能力。

4. 对物理、化学和生物科学与环境关系的理解力。了解物质世界的运动规律，对做出正确的决策是有益的。

5. 掌握外语背景知识和了解外国文化的能力。外国文化的学习有助于新观念的接受。

6. 熟练使用计算机和其他技术的本领。不能满足于简单操作，应注重于了解较为复杂的问题。

7. 艺术鉴赏能力。艺术素养的提高会使中学生的素质更加完善。

8. 对社会政治、经济体制的理解力。中学生很快就要步入社会，必须对现实社会深入了解。

9. 培养良好生活习惯与毅力。注重身体、心理健康，加强身体锻炼、心理磨练，克服不良习惯，抵制不良行为诱惑，对中学生健康成长尤为重要。

10. 分析、解决问题的能力和创造精神。这些决定着中学生的发展，影响今后的事业和生活。

本套丛书涵盖了中学期间应当掌握的所有知识内容，对中学知识进行了全面的概括和梳理，还增加了大量最新的实用信息，如热门专业、科学话题、新兴职业等，增强了本书的实用性。同时，还增加了对中学生成长问题的解决、中学生能力的培养、青春期心理问题的解惑等，这是国内其他同类百科全书没有的，对中学生健康成长意义重大。

《中国中学生百科全书》（校园版）是一套上中学就要看的百科全书。

《中国中学生百科全书》（校园版）是一套离中学生最近的百科全书。

《中国中学生百科全书》（校园版）是一套面向素质教育的百科全书。

《中国中学生百科全书》（校园版）是一套面向"全人教育"的百科全书。

编　者

凡　例

1. 编　排

1.1 本书内容包括前言、凡例、分类目录、正文、索引，并依次排序。

1.2 全书10册按学科和知识门类构成一个完整的知识体系；各分册也构成独立的知识体系并具独自查检功能。

2. 条目标题

2.1 本书条目标题多数是词，例如"植物""绘画"；一部分是词组，例如"发光生物""中国园林"。

2.2 条目标题中的人名附生卒年。

3. 条目释文

3.1 本书条目释文包括定义或定性语，以及内容的展开叙述。一些条目还以一个相关的事实、格言、诗句、寓言、故事等作为切入点。

3.2 条目释文使用规范的现代汉语，并力求简明扼要、通俗易懂。

3.3 条目释文中外国人名一般只译其姓，例如"马克思""丘吉尔"。第一次出现的外国人名均附其名字的外文缩写。

4. 条目插图

4.1 本书全部图片随条目释文编排，图片具有知识性、直观性，力求图文并茂，以图佐文，帮助读者理解文字内容。

5. 索　引

5.1 本书有条目标题汉语拼音音序索引。索引排在正文之后。

6. 其　他

6.1 本书所用科学术语名词、外国人名和地名的译名，以及常用数据均参照《中国大百科全书》（第二版）和《不列颠百科全书》（国际中文版）。

6.2 本书的资料一般截止到2017年底，部分资料截止到2019年7月。

目　录

物理学　远到天边的浩瀚星系，近到身旁的日常事物，有很多引人入胜的现象都可以用物理学中的知识来解释。

　　物理学是研究物质运动规律及物质基本结构的学科。物理学简称"物理"，它在希腊语中的意思是"自然哲理"。在古代欧洲，物理学是自然科学的总称。后来随着自然科学的发展，它的各个分支先后形成独立的学科，如物理学、化学、生物学、地质学、天文学等。有人说，物理，物理，乃万物之道理。此话虽有些夸张，但在现代，物理学的确是自然科学中一门十分重要的、应用范围极广的基础学科。物理学也和数学一样，其知识内容和研究方法已经成为其他自然科学的基础，是当代工程技术的重要支柱。

　　在物理学的发展过程中，经典力学占有重要的地位，它研究宏观物体的低速机械运动的现象和规律。17世纪，英国物理学家 I. 牛顿，在意大利天文学家 G. 伽利略、德国天文学家 J. 开普勒等人研究的基础上，总结出牛顿运动定律和万有引力定律，为经典力学奠定了基础。19世纪，英国物理学家 J.P. 焦耳、

在物理学的不同发展时期，都有着做出伟大贡献的代表人物，如奠定了经典力学基础的伽利略和牛顿，开辟了原子能应用新世纪的居里夫人，创建了对空间和时间概念进行伟大变革理论的爱因斯坦。

法国物理学家 S. 卡诺、德国物理学家 R. 克劳修斯等人，提出了热力学第一定律和热力学第二定律。19 世纪下半叶，英国物理学家 J.C. 麦克斯韦提出了描述电磁场的基本规律的麦克斯韦方程组，预言了电磁波的存在，奠定了经典电动力学的基础。20 世纪初，美国物理学家 J.W. 吉布斯奠定了经典统计力学的基础，使研究热现象的本质和普遍规律的热力学趋于成熟。物理学家 A. 爱因斯坦从实际出发，对空间和时间的概念进行了深刻的分析，从而建立了新的时空观。在此基础上，1905 年他提出了狭义相对论，1915 年又提出了广义相对论。量子力学和量子电动力学也是 20 世纪发展起来的新兴学科，它们不仅应用于原子物理学，也应用于分子物理学、原子核物理学以及对宏观物体的微观结构的研究。量子电动力学研究的是量子化的磁场，它的一些结论的精确性达到自然科学中前所未有的高度，至今还没有发现其局限性。

通常根据所研究的物质运动形态和存在形式的不同，将物理学分为力学、声学、热学和分子物理学、光学、电磁学、原子物理学、原子核物理学、固体物理学（包括半导体物理学）、粒子物理学（亦称高能物理学）等分支学科。但这种分类法并不十分稳定，它随着科学的发展而不断变化。例如，力学经历长期的发展早已成为一门独立学科，并有流体力学、弹性力学等分支学科；电工学、热力工程学等工程学科是在物理学的某些规律应用于生产过程中形成的；电子学也在 20 世纪发展壮大为一门新兴学科。随着实践的扩展和深入，物理学在各个方面得到广泛的应用，陆续形成了许多边缘学科，如化学物理学、天体物理学、海洋物理学、地球物理学等，同时还发展了许多尖端科学技术，如核技术、空间技术、激光技术等。可以肯定的是，随着人类对自然界认识的不断扩展和深入，物理学内容也必将不断扩展和深入，物理学的应用也必将越来越广泛。

物理量　在日常生活中，人们描述事物常常要使用"数词"和"量词"。在物理学中，也需要采用"数量"和"单位"。

物理量是量度物质的属性和描述其运动状态时所用的各种量值。例如，量度物体所含物质多少用的是质量，描述物体运动快慢和方向用的是速度，量度导体阻碍电流本领用的是电阻等。

各种物理量都有它自己的量度单位，并以选定的物质在规定条件下所显示的数量作为基本量单位的标准。例如，长度的度量单位是米，在 1960 年 10 月的第 11 届国际计量大会中通过一项决议，规定 1 米等于氪 86 在真空中发生 $^2p_{10}$ 和 $^5d_5$ 能级之间跃迁时，所发射的橙色光波波长的 1650763.73 倍，这样规定的米称为原子米。后来随着科技的发展，标准米的规定越来越先进，到 1983 年第 17 届国际计量大会上，又通过了米的新规定："米是光在真空中，在 1/299792458 秒的时间间隔内运行距离的长度。"这个定义将长度单位与时间单位结合起来。

世界上各国都有自己特定的单位制度，如货币，有的用"元"，有的用"镑"。为便于国际间交流，创建了国际单位制。国际单位制简称"国际制"，代号 SI，是 1960 年第 11 届国际计量大会制定的适合一切计量领域的单位制。它规定长度、时间、质量、温度、电流强度、发光强度和物质的量等 7 个量为基本量，称为基本物理量，它们的单位米（m）、秒（s）、千克（kg）、开尔文（K）、安培（A）、坎德拉（cd）和摩尔（mol）为 7 个基本单位，还规定了两个辅助单位即弧度和球面度。其余物理量则根据基本量和有关方程来表示，称为导出量，其单位是通过它们与基本单位的关系来确定，叫作导出单位。

应用 7 个基本物理量，就可以导出物理学中的各个物理量。所有的力学量都是由长度、质量和时间这 3 个基本量构成的。例如，速度的单位是"米/秒"，加速度的单位是"米/秒²"，力的单位是"牛顿"，1 牛顿 =1 千克·米/秒²。在电学领域，上述 3 个基本量再加上电流强度这一基本量，就可以导出所有电学物理量，例如，电压的单位是"伏特"，1 伏特 =1 千克·米²/（安培·秒³）等。

国际单位制的构成原则比较科学、实用，并且涉及所有专业领域，世界上绝大多数国家都积极推广国际单位制。

物理实验　在古希腊，有一位国王担心工匠在金质王冠中掺了白银，国王将鉴别王冠真假的任务交给了当时著名的科学家阿基米德。

中学（高中部）物理实验室（上海文来中学供稿）

最初阿基米德苦思冥想也想不出办法，一次偶然的机会，阿基米德在浴池洗澡时找到了破解的方法，解开了"王冠之谜"，并由此他还发现了浮力原理。这是用实验方法解决问题的一个典型例子。

物理学由实验和理论两部分组成。物理（科学）实验是人们根据研究的目的，运用科学仪器设备，人为地控制、创造或纯化某种自然过程，使之按预期的进程发展，同时在尽可能减少干扰客观状态的前提下进行观

学生在做物理实验（钦州师专供稿）

测，以探究物理过程变化规律的一种科学活动。物理学实验主要包括探究性实验、测量性实验和验证性实验等。探究性实验就是运用科学的方法，通过探索去发现人们尚未认识的科学事物及其规律的过程。探究性实验的形式是多种多样的，其主要要素有：提出问题、猜想与假设、制订计划与设计实验、进行实验与收集证据、分析与论证、评估、交流与合作。在具体的实验探究过程中，上述 7 个要素可以进行组合、改变顺序、合理增减。可以说没有探究性实验，物理学就不可能发展。

16 世纪，G. 伽利略提倡的数学与实验相结合的研究方法得到学术界公认之后，逐渐形成物理这门学科。牛顿力学统治物理学长达 200 多年，到了 19 世纪末 20 世纪初，物理学开始了一个新的发展时期。人们进行了大量的实验探究工作。19 世纪后半期，英国科学家 J.J. 汤姆孙进行了一系列的实验研究，终于在 1897 年确认阴极射线是带负电的粒子——电子。1900 年，M. 普朗克在辐射能量不连续的概念下导出了完全符合实验数据的黑体辐射公式，导致量子理论的出现。1905 年，A. 爱因斯坦在新的时空概念基础上发表了狭义相对论，完美地解释了光速不变的实验结果。1911 年，英国物理学家 E. 卢瑟福用实验确定了原子核内的正电荷集中在很小的范围

内，从而提出了原子的核式结构。20 世纪初，由于居里夫妇、卢瑟福等许多人的大量实验工作，物理学向原子、原子核、电子等小尺度空间方向发展，也向高速（接近光速）方向发展。伴随着这些近代物理实验，逐步建立了相应的理论系统。

物理学是一门实验科学，实验在不断地修正理论，新的理论也在不断地指导新的实验。

量子论　量子论是揭示原子结构、原子光谱的规律性、化学元素的性质、光的吸收与辐射等的微观物质世界基本规律的理论，它给我们提供了新的关于自然界的表述方法和思考方法。以量子论形成的量子物理学与牛顿经典物理学一起构成了现代物理学的两大基石。

量子理论的创建过程是许多科学家共同努力的结果，它是物理学研究工作第一次集体的胜利。

1900 年，德国柏林大学教授 M. 普朗克在解释黑体辐射规律时引入了量子概念。1906 年 12 月 14 日，普朗克在柏林的物理学会上发表了题为《正常光谱的能量分布定律的理论》的论文，提出了著名的普朗克公式，这为量子理论建立打下了基石，这一天也被普遍认为是量子物理学诞生的日子。随后，许多世界著名的科学家都为量子理论的建立和发展做出了重要的贡献，如 A. 爱因斯坦、瑞利、N. 玻尔、P. L. 德布罗意、W. K. 海森伯、M. 玻恩等。

尽管许多人对量子理论的含义还不太清楚，要熟悉和掌握量子理论需要很多的物理学知识做基础，但它在现实中获得的成就却让我们知道了它的威力。例如，用量子理论可以解释原子如何键合成分子；用量子理论来研究晶体，可以解释为什么银是电和热的良导体却不透光，金刚石不是电和热的良导体却透光。正是用量子理论很好地解释了处于导体和绝缘体之间的半导体的原理，才发明了晶体管，它用很小的电流和功率就能有效地工作，而且可以将尺寸做得很小，从而开创了全新的信息时代。科学家与技术工程师们，利用量子理论，已经能够使人们蚀刻在半导体上的线条的宽度小到 5 纳米以下。在这样窄小的电路中穿行的电信号将只是少数几个电子，这将给计算机和通信线路又带来历史性的变革。

能量和能量守恒定律　帆船能够在河、海中扬帆前进，重锤由高处落下能把木桩打进地里，从发电站大坝上游流下来的水能带动发电机发电等等，这些都是因为它们具有能量。

物体受到的力往往不止一个，也不全是同一个方向，比如这艘正在通过运河的轮船，在牵引力 F_1 和 F_2 的共同作用下前进，F_3 就是 F_1 和 F_2 的合力。

能量是一个描述物体做功本领大小的物理量，简称为能。一个物体能够对外界做功，这个物体便具有能量。能量和运动是分不开的。与物质的各种运动形式相对应，能量也有各种不同的形式，主要分为机械能、内能、化学能、电磁能以及原子能。它们可以通过一定的方式相互转化。

机械能是指做机械运动的物体所具有的能量，如从高处流下的水流，正在运动的汽车等都具有机械能。内能也叫作热能，是由构成物质的大量分子所做的无规则运动以及分子间的相互作用力所引起的，通常以热传递的形式表现出来。化学能是自然界中的各种物质进行化学变化时，释放或吸收的能量。电磁能包括电能和磁能。现代生活离不开电磁能，人们能看电视、听广播等都是电磁能的功劳。原子能，确切地说应该叫原子核能，是原子核发生变化时释放出来的能量，简称核能。核能的利用已经成为现代科学技术发展的主要标志之一。

能量守恒定律是指能量既不会消灭，也不会创生，它只能从一个物体转移到另一个物体，或者从一种形式转化为另一种形式。一种能量的消失，必然伴随着其他形式能量的产生，并且任何一种形式的能量在转化的过程中，其总量都是守恒的。

无数事实说明了各种不同形式的能量彼此都是可以相互转化的。在生活中，能量的转化和守恒的应用比比皆是。

在能量守恒定律建立之前，历史上曾有人设想制造一种不需要耗费任何能量就能对外做功、对外输出能量的机器，这就是所谓的"永动机"。这些人认为，能量可以被源源不断地创造出来，从而用之不竭。能量守恒定律的最终建立，从科学上宣判了要制造永动机是不可能的，从而促使人们摆脱了梦幻，用掌握的自然规律来有效地利用和开发自然界所能提供的多种多样的能量。

力　人们对力的认识，最初是从日常生活和生产劳动中开始的，是和人力相联系的。后来人们把凡是能和人力起相同效果的作用，都叫作力。因此，人们把力定义为：力是物体之间使物体加速或变形的相互作用，是物理学中使用最广泛、最重要的基本概念之一。

力是不能离开物体而单独存在的，一个物体受到力的作用，一定有另一个物体对它

施加这种作用。力有很多种，如地球的引力、大气压力、物体运动所受的空气或水的阻力、电磁引力和斥力、物体相互接触时的压力及摩擦力等。一般按照力的性质分为场力（包括重力、电场力等）、弹力（压力、张力、拉力等）、摩擦力（静摩擦力、滑动摩擦力等）。自然界的物质之间的相互作用力则可以归纳为4种：万有引力、电磁力、结合原子核各成分间的"强"相互作用力和"弱"相互作用力。

描述一个力一般从3个方面进行，这就是力的三要素：力的大小、方向和作用点。力的大小用测力计来测量，单位是牛顿。它是这样规定的：使质量为1千克的物体获得1米/秒^{2}的加速度的力叫1牛顿，国际符号是 N。力是有方向的，如物体受到的重力总是竖直向下的，在液体中受到的浮力总是竖直向上的。力的方向不同，作用效果也不同。如用力拉弹簧，弹簧伸长；用力压弹簧，弹簧就会缩短。因此要把一个力完全表达出来时，不仅仅要考虑力的大小，还要考虑力的方向，同时还要考虑力作用在物体上的具体位置，这就是力的作用点。

在研究力时为了直观地说明力的作用，常常用一根带箭头的有向线段来表示力。线段是按照一定比例画出的，它的长短表示力的大小，它的箭头表示力的方向，箭尾表示力的作用点。从力的作用点沿力的方向所画的直线叫力的作用线，这种表示力的方法叫作力的图示法。

桥梁　自古以来，人类在"遇山开路、逢水搭桥"的大量工程中，修建了无数各具特色的桥梁。

桥梁是一种用来跨越障碍（如河流、山谷、街道）的建筑物，并作为人行或公路、铁路通道。桥有多种分类，按其用途可以分为立

位于河北赵县的赵州桥，建于隋大业年间，是世界上现存最古老的敞肩式石拱桥。

交桥、铁路桥、公路桥、管道桥、多用桥等；按结构材料分为木桥、砖桥、石桥、钢桥和钢筋混凝土桥、预应力混凝土桥等；按结构特点分为拱桥、悬索桥和斜拉桥等；按使用连续与否可分为固定桥和活动桥。

质量和密度　在现代社会中，人们常常提到"质量"，比如商品质量、服务质量等，但在物理学中质量的概念与上述质量的含义不同，它是物体惯性（见牛顿运动定律）大小的量度。它的国际单位制单位是千克，可以用天平进行测量。质量是物质本身的属性，用 m 表示。在经典物理学中认为它与物体的温度、位置、形状和运动状态无关。例如，质量是 1 千克的一瓶水，无论水温如何，质量都不变；加热变为水蒸气或放热结冰后，质量还是不变；放到高山上甚至被宇航员带到月球上，质量仍是 1 千克。

人们都有这样的经验，一杯水结成冰后虽然质量并没有发生变化，但是体积变大了，这是由于水和冰在某一方面的物理性质不同所造成的。反映这一性质的物理量是密度。密度是某种物质单位体积的质量，是该物质的特性之一。不同物质的密度一般不同；同一种物质的密度一般不变，与这种物质的形状、体积和质量的大小无关。在国际单位制中，

密度的单位是千克／米^3。纯水的密度在 4℃时是 1.0×10^3 千克／米^3；在标准情况下，干燥空气的平均密度是 1.29 千克／米^3；地球的平均密度是 5.5×10^3 千克／米^3。位于亚洲大陆的"死海"，由于含盐量较大，密度超过人体的密度，所以人在"死海"中就能漂在水面上，永远也不会沉下去。

密度是物质的一种特性，因此可以利用密度来鉴别物质或计算不便直接称量的物体的质量，还可以计算形状复杂的物体的体积。

重力　重力是由于地球对物体的吸引而使物体受到的力。重力的方向总是竖直向下的，即物体自由下落的方向。重力的国际单位制单位是牛顿。当人们向离开地心的方向移动时，重力会减小；进行太空航行的人，会产生没有重力的奇异感觉，那是因为航天器在轨道上绕地球飞行时产生的离心力，抵消了重力。重力是人们生存的重要条件之一，如果没有重力，大气将漂浮散去，人类的生命也将完结。

既然受重力作用的物体总是要落向地面，从这个意义上说，任何天体产生的使物体向该天体表面降落的力，都可以称为"重力"，如月球重力、火星重力等。由于地球并不是一个真正的圆球，而是一个在赤道处半径最大的扁球，并且由于地球在不停地自转，所以同一物体在地球不同的纬度上，所受重力略有不同，从赤道到两极是逐渐增加的。

由于地球上各地区的地形不同，特别是地质构造不同，物体在各地所受地球的引力就会发生变化，物体所受的重力也会发生变化。在埋有密度较大的矿石附近地区，物体受到的重力要比周围地区稍大一些。利用重力的这些变化，可以探测石油、铁矿、煤矿和其他矿床，这种探矿方法叫作"重力探矿"。

生活中常说的物体的重量实际上是质量

的习惯叫法，把重量当成质量是不准确的。国际计量大会提出，在科技术语中不再使用重量这个词语，用质量代替重量。

物体各部分所受重力的合力的作用点叫作重心。重心是物体中的一个定点，与物体所在的位置和怎样放置没有关系。对于规则均匀的物体来说，它的重心就在物体的几何中心，如均匀球体的重心在球心，均匀长方体的重心在它的体对角线的交点上。均匀圆环的重心在它圆环的中心，在这种情况下，物体的重心不在物体上。不均匀物体的重心的位置除了跟它的形状有关，还跟物体内部的质量分布有关。例如，载重汽车的重心随着装货多少而不同，起重机的重心随着提升重物的重力和高度而变化。

对物体重心的研究，有重要的实际意义。从事各项体育运动的运动员，就十分注意对人体重心的控制。在工程技术上也很注意重心的测试。

失重和超重

在电梯刚启动和即将停止的瞬间，或在游乐园坐过山车时，人们都会有一种不太舒服的感觉，这就是由超重或失重引起的。

当一个物体加速上升或减速下降时，支持物对物体的支持力或悬挂物对物体的拉力大于物体的重力，这就是超重；反之，当一个物体减速上升或加速下降时，支持物对物体的支

航天员在太空行走时，要穿着装有空气供应、通信设备以及喷射推力系统的太空服，以便在失重状态下行动。

持力或悬挂物对物体的拉力将小于物体的重力，这就是失重。在日常生活中，绝大多数的情况下，人们受到的重力和支持力是平衡的，因此没有什么异样的感觉。但在一些特殊的情况下，重力和支持力不平衡，就造成了失重和超重。失重和超重现象可以用牛顿运动定律来加以解释。

人造地球卫星或航天飞机在发射过程中加速升高或返回地球进入大气层减速降落时，都有一个向上的加速度，都会发生超重现象。超重不能过大，否则超出一定限度后宇航员就有生命危险。在人造卫星进入轨道以后，有一个向下的指向地球的加速度，这个加速度就是卫星绕地球做圆周运动的向心加速度，因而发生失重现象，这时宇航员的动作就像电影中的慢镜头一样，迟缓有趣，而且舱内的所有物体都得固定住，不然就要满舱飞舞。

弹力

人们用力将弹簧拉长，会感觉到手受到一个相反的、阻碍弹簧伸长的力，这个力便是弹簧的弹力。

弹力又称"弹性力"，是物体受外力作用形状和体积发生改变（这种改变称为形变）时，物体内部产生的反抗外力、恢复原来形状的力。正是因为弹簧发生了形变，为了恢复原来的形状，弹簧内部才产生了弹力。

弹力一般产生在直接接触的物体之间，并以物体发生形变为先决条件。它的方向跟使物体产生形变的外力的方向相反。物体的形变是多种多样的，不仅弹簧可以发生形变，常见的很多物体，如地面、桌面、墙壁、绳子等，都可以在外力的作用下发生形变，因此对应的弹力也以各种各样的形式表现出来，像压力、拉力、支持力等。例如，放在水平桌面上的物体，由于受到重力作用，因此对桌面有一个向下的压力，使桌面发生了微小的形变，桌面为了恢复原状，将产生一个垂直桌面向上的弹力，此弹力作用在物体上，通常称为支持力。

胡克定律　弹簧的应用非常广泛。弹弓的橡皮筋，就相当于一根弹簧。先把石子紧贴橡皮筋，并把橡皮筋拉长，再将橡皮筋放松，橡皮筋由于形变产生的弹力就把石子弹射出去。弹簧产生的弹力与其形变大小成正比。如果弹簧伸长 1 厘米时产生的弹力是 1 牛顿，那么伸长 2 厘米时产生的弹力就是 2 牛顿。弹簧的这个特性是英国物理学家 R. 胡克于 1678 年在一篇论文中提出的，因此被称为"胡克定律"。

胡克定律是物理学中的基本定律之一。利用弹簧的这个性质，可以制成弹簧测力计，用来测量作用力的大小和物体受到的重力。常见的测力计是拉力弹簧测力计，此外还有压力测力计。拉力弹簧测力计的主要结构是一根钢质的弹簧，弹簧的上端固定在壳顶的环上，下端和一只钩子连接在一起。把要称量的物体挂在钩子上，弹簧就要伸长，当物体静止后，物体所受到的弹力就等于物体的重力，而且在弹性限度内，弹力的大小与弹簧形变大小成正比，因此物体的重力可以根据测力计指针指在外壳上的标度直接读出。

摩擦　雪橇在雪地上轻轻一推便会滑动，但是在粗糙的石子路上就不容易推动。这是由于雪橇与雪地之间的摩擦小，而与石子路之间的摩擦比较大的缘故。

摩擦是指相互接触的两物体，在其接触表面上沿切线方向发生的阻碍物体相对运动的现象。阻碍相对运动的力叫摩擦力。按照其特点，摩擦可以分为静摩擦、滑动摩擦和滚动摩擦。

未能推动一张放在地面上的桌子，这时物体之间没有发生相对滑动，仅仅有滑动的趋势，这样产生的摩擦叫作静摩擦，静摩擦力的方向与物体的相对运动趋势方向相反。静摩擦力是很常见的，拿在手中的瓶子、钢笔不会滑落，就是静摩擦力作用的结果；能把线织成布，把布缝成衣服，也是靠纱线之间的静摩擦力的作用。

滑动摩擦力更为常见，桌子推动后，一松手，又会逐渐停下，必须要不停地用力才能使它继续运动下去，这就是存在滑动摩擦的缘故。物体之间发生相对滑动时产生的力叫作滑动摩擦力。滑动摩擦力 f 的方向与物体相对运动的方向相反，并与物体表面间的正压力 N 的大小成正比，即 $f = \mu N$，其中 μ 是滑动摩擦系数，它与制成物体的材料和接触面的粗糙程度有关。

滚动摩擦是一个物体在另一个物体上滚动或有滚动趋势时，在接触面处产生的阻碍滚动前进的作用。一般情况下，物体之间的滚动摩擦力远小于滑动摩擦力，所以滚动物体要比推动物体省力得多。

由于摩擦的存在，人们为达到目的，不得不浪费大量的能量来克服摩擦。而且，摩擦生热又限制着一些工业技术的发展。在工业生产中，常常采用涂润滑剂和减小压力的办法来减小摩擦的不利影响。摩擦的存在也影响着高科技的发展。例如，发射火箭必须要考虑到高速运行的火箭与大气之间的摩擦。摩擦带给人们的也不全是弊端，在工作和生活中利用摩擦的地方也很多。自行车刹车闸皮便是利用摩擦的很好的例子。摩擦在生产技术中的应用也很多，如皮带运输机就是靠货物与传送带之间的静摩擦力传输货物的。

作用力和反作用力　如果你用拳头用力捶几下桌子，就会听到桌子发出咚咚的响声，但同时你的手也会感到疼。在这种情况下，是人对桌子施加了力的作用，但同时，桌子对人也施加了力的作用，使人受到伤害。可见，两个物体间的作用是相互的。

力总是成对出现，并且是同时出现。如甲物体对乙物体有力的作用，那么乙物体对甲物体也一定有力的作用，这就是作用力与反作用力。值得我们注意的有两点：一是作用力和反作用力总是大小相等、方向相反、在同一直线上，同时存在，同时消失。但是作用力和反作用力分别作用在两个不同的物体上，所以是不可能相互抵消的；二是作用力和反作用力属于同一性质的力，如果一个力是弹力，另一个力也必定是弹力。两者没有本质的区别，也不能说哪个力是起因，哪个力是结果，两个力中的任何一个都可以被看成是作用力，另一个力相对来说就成了反作用力。

脚给地面一个作用力，地面对脚就产生一个反作用力，人体就前进了。

作用力与反作用力在生活、生产和科学技术中应用非常广泛。人能够游泳，轮船的螺旋桨和气垫船的工作都与作用力和反作用力原理有关。发射探测仪、人造卫星、宇宙飞船的火箭，在燃料被点燃后喷出高温高压的气体，喷出的气体同时给它一个反作用力，推动火箭前进。

微重力现象 航天器在运行中，实际上常会受到非引力（非体力）的作用或干扰，其结果使航天器及其内部的物体获得额外的加速度。这时，物体与物体之间、物体与航天器之间就产生相互作用力，表现出"重量"，

物理学上称这种重量为"表观重量"，因而衍生出"表观重力"。这个"表观重力"通常是很微小的，人们就简称它为"微重力"。

人类60多年的航天实践表明，航天器中的失重（有时称为"微重力"）对航天员的健康、安全和工作能力会产生重要影响。

平衡力 一个文具盒放在桌面上保持静止不动，跳伞运动员在空中能做匀速直线运动，你知道这是为什么吗？

这是因为文具盒和跳伞运动员虽然受到了力的作用，但是这几个力的作用效果相互抵消，相当于不受力了。这几个力是平衡力。如果物体处于静止状态或处于匀速直线运动状态中，我们就说这个物体处于平衡状态。如果物体只受两个力而处于平衡状态，就叫作二力平衡。这两个力也叫作一对平衡力。二力平衡的条件是：作用在同一个物体上的两个力，大小相等、方向相反，并且在同一条直线上。二力平衡时，它们的合力为零。现实生活中做匀速直线运动或处于静止状态的物体都是受到平衡力的缘故，如上述放在桌面上的文具盒同时受到重力和支持力的作用，这两个力是一对平衡力，所以能保持静止不动；跳伞运动员同时受到重力和空气阻力的作用，这两个力也是一对平衡力，所以能保持匀速直线运动。平衡力不一定是一对平衡力，可能是几对平衡力。

速度和加速度 在自然界没有绝对不动的物体。小到原子和分子，大到宇宙中的卫星、行星、恒星等天体，一切物体都在运动。运动是宇宙中最普遍的现象。

速度是描述物体运动快慢和运动方向的物理量。如果物体在 t 秒的时间内运动了 s 米，则在这段时间内的平均速度为 $v=s/t$，在国际单位制中速度的单位是米／秒（m/s）。一般来

说，汽车的运动速度是 10～55m/s，人步行的速度是 1～1.5m/s，步枪子弹速度是 900m/s，普通炮弹速度是 1000m/s，一般军用飞机速度是 650m/s，而地球围绕太阳运动的速度为 30000m/s，光速为 3×10^8m/s。

加速度是描述速度变化快慢的物理量，一个物体的速度变化快，人们称其加速度大，速度变化慢，人们称其加速度小。这里的速度变化包括大小和方向的变化。加速度在国际单位制中的单位是米/秒^2（m/s^2）。火车开动的时候，它的速度在几秒内从零米每秒增加到几米每秒，而开炮的时候，炮弹的速度能在几千分之一秒内就从零米每秒增加到几百米每秒，这说明炮弹速度的变化比火车快得多，即炮弹的加速度远大于火车的加速度。对汽车来说，一项非常重要的技术指标就是提高汽车起动时的加速度，使汽车在很短的时间内就达到正常行驶的速度。

参照物　一个物体到底是运动的还是静止的，要看选定的参照物。通常人们在研究一个物体运动的时候，必须选定另外一个物体作为参照标准，并事先假定这个被选定的物体是不动的。这个物体便叫作参照物。

一般常说房屋、桥梁等是静止的，便是以地面作为参照物来说的。再如，坐在行驶的火车车厢里的乘客认为自己和同伴是静止的，而车厢外的树木、房子是运动的，这便是选择了车厢本身作为参照物的结果。世界上没有绝对不动的物体，因此运动是绝对的，静止是相对的，是相对于我们事先选定的参照物来说的。在人们的眼中，房屋、山岭、桥梁、树木总是在原地不动，但实际上由于地球在不停地自转，并且围绕太阳公转，因此地球上的所有物体都是跟着地球一起运动的。同步地球卫星，如果以地球为参照物，卫星是静止的；如果以太阳为参照物，卫星是运动的。

可见，判断一个物体是静止的，还是运动的，与我们所选择的参照物有关。选择不同的参照物，对物体运动的描述就有可能不同。所以要客观描述物体的运动，就应指明选取什么物体作为参照物。

机械运动　太阳的东升西落、汽车的行驶、弹簧的压缩和伸长等，是自然界中最基本、最普遍的一种运动形式。这种运动叫作机械运动，简称为"运动"。

机械运动是物体之间或同一物体的不同部分之间相对位置随时间而变化的过程。平动、转动和振动是机械运动的三种基本形式。

如果一个物体上任意两点所连成的直线在整个运动过程中始终保持平行，这种运动叫作平动，也称平移。平动物体的运动轨迹是直线的叫作直线运动，运动轨迹是曲线的叫作曲线运动。在这两类中又可细分，如直线运动可以分为匀速直线运动和变速直线运动。比如一辆汽车在行驶时是平动，它可以直线行驶也可以曲线行驶。但是汽车的车轮就不一样了，车轮一方面向前进，一方面绕着轮轴旋转，这就是平动和转动的合成。转动就是运动的物体，除转轴外，其他各点都绕轴做圆周运动。比如电风扇叶片旋转，门窗的开和关等都是转动。还有一种运动，如钟表的摆动、敲击后正在振动的音叉，都属于物体在平衡位置附近来回做往复运动，称之为振动。

自由落体运动　自由落体运动是每一个人都经常见到的运动，一个物体从高处自由落下，就是做自由落体运动。

物体只在重力作用下，从静止开始下落的运动叫作自由落体运动，它是初速度为零的匀加速直线运动。无论什么物体，它们的自由落体运动速度都是一样的，而此时的运动加速度，就是重力加速度，用 g 表示。重力加速度的大小会因地球不同地区而有差别，一般常取作 9.8 米／秒²。

公元前 4 世纪的亚里士多德认为，物体下落的快慢是由它们受到的重力决定的，物体的重力越大，下落得越快。

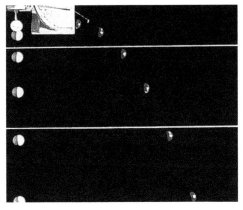

从每隔 0.1 秒拍摄的小球下落照片可以看出，圆球愈降至下方，间隔愈大，表明下落的速度加快（图左是圆球做自由落体运动，图右是一个水平抛出的球）。

彻底推翻亚里士多德理论的是著名的意大利物理学家 G. 伽利略。伽利略先采用了归谬法，从亚里士多德的理论出发，最后又反推亚里士多德理论的错误性。后来，伽利略又做了著名的比萨斜塔实验：他在塔顶让一重一轻两个铁球同时下落，结果这两个铁球最后是同时落地，再次推翻了亚里士多德的理论。比萨斜塔实验中的铁球所做的运动就是自由落体运动。

牛顿运动定律　英国科学家 I. 牛顿系统地总结了前人的研究成果，又结合自己的研究，提出了三条运动定律，并于 1687 年首次发表在《自然哲学的数学原理》一书中。这三条运动定律成了整个经典力学的基础。

牛顿第一运动定律，也称惯性定律。它是在实验的基础上经过科学推理得出的一条重要运动定律。其内容是：一切物体在没有受到外力作用的时候，总保持匀速直线运动状态或静止状态。这一定律反映了力和运动的关系，阐明了力是改变物体运动状态的原因。

人们把物体保持静止或匀速直线运动的这种性质叫作惯性。惯性是物体本身的一种性质。我们有这样的经验：坐车时，如果车突然起动，我们的身体要向后倾；如果突然刹车，我们的身体又会向前倾。这都是由于惯性造成的，即物体总要保持原来的运动状态。

牛顿第二运动定律，也称加速度定律。其内容是：物体运动的加速度与作用在物体上的合外力成正比，与物体的质量成反比。物体的质量越大，物体的惯性就越大。火车的质量比汽车大很多，火车的运动状态不容易改变，因此火车起动和停止要比汽车慢得多。

牛顿第三运动定律，也称作用力与反作用力定律。其内容是：两个物体间的作用力与反作用力总是大小相等，方向相反，作用在一条直线上。

机械能　在各种能量形式中，人们最常见、最熟悉的就是机械能。

机械能是指物体所具有的做机械运动的能量。行驶的汽车、飞行的飞机、压缩的弹簧等都具有机械能。机械能包括动能和势能。动能的大小是由运动物体的速度和质量所决定的，物体的质量越大、速度越大，具有的动能就越多。势能的大小是相互作用的物体之间或物体本身的各部分之间的相对位置所决定的。势能包括重力势能和弹性势能。由物体和地球之间的相对位置所决定的势能叫重力势能。物体由于发生弹性形变所具有的能量叫作弹性势能。物体的重力势能的大小决定于物体的质量和相对于地面的高度，如果选择地面的重力势能为零，物体的质量越大，距离地面位置越高，重力势能就越大。物体的弹性势能的大小决定于物体发生弹性形变的大小和本身的性质。动能和势能是可以相互转化的，在只有动能和势能相互转化的过程中，机械能的总量保持不变。这就是机械能转化与守恒定律。机械能转化与守恒定律是力学中一条重要的规律，又是能量转化和守恒定律的一个特例。

机械能转化与守恒的现象，在我们的身边到处可见。例如，当骑自行车下坡时，虽然不蹬脚踏板，但下坡的速度却越来越快，这是自行车在坡上的重力势能转化为动能的缘故。

功和功率　19世纪，当人们广泛研究各种机械时发现，无论是人还是机械对物体所进行的工作，都有一个共同的特点：使物体受到力的作用，并且物体在力的方向上运动一段距离。在物理学中规定：功等于作用力和物体在力的方向上通过的距离的乘积。其表达式为：$W=Fs$。

如果对物体用了力，又使物体沿力的方向移动了一段距离，这个力对物体做了机械功，简称为功。做功包括两个必要因素：一是作用在物体上的力，二是物体在力的方向上运动的距离。

在国际单位制中，功的单位是焦耳，简称为焦（J），是以在能量守恒定律方面做出巨大贡献的英国物理学家J.P.焦耳的姓氏命名的。功和能量之间有着密切的关系，力对物体做功的过程，实质是能量从一种形式转化为另一种形式的过程。比如电动机工作时把电能转化为机械能，就是电流对机器做了功，所以功是能量改变的量度。对外做功必然要消耗能量，对外做了多少功就消耗了多少能量。

做功有快有慢，为了表示物体做功的快

这匹马做的功等于它所付出的力与重物上升距离的乘积

慢，引入了功率的概念。物体在单位时间内所做的功叫作功率，也就是1秒钟物体所做的功。两辆质量相等的汽车向山上开，功率大的先到山顶。功率的国际制单位是瓦特，简称为瓦（W）。这个单位是以英国发明家J.瓦特的姓氏命名的。功率的常用单位是千瓦（kW）。

简单机械　人类在劳动实践中创造了生产工具，最早发明的一些简单工具后来演变成为简单机械，它包括劈、斜面、螺旋、杠杆和滑轮等。在中国战国时期的著作《墨经》和古希腊阿基米德的著作中，都有关于简单机械及其力学原理的论述。

简单机械虽然十分古老，但它在现代各种机械和仪器中仍然被广泛采用。在许多机器中都可以找到不同形式的简单机械或由简单机械演变而来的各种机械。典型实例之一如材料强度试验机中的螺旋加载装置、楔形夹持器具、杠杆与滑轮组成的记录装置等。金属切削机床中的操纵手把多由杠杆演变而来，夹具多由劈与斜面演变而来，丝杠则是螺旋的直接应用。在物料运输和提升的装置和设备中，斜面和螺旋的应用更为普遍。这些实例说明：简单机械是现代机械的基础之一。

杠杆　阿基米德有一句名言：给我一个支点，我能撬起地球！其实，这句话在理论上并不为

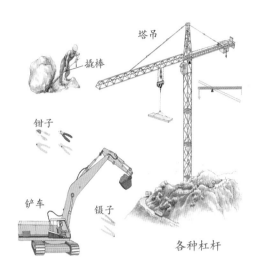

塔吊

撬棒

钳子

铲车

锯子

各种杠杆

过，因为他正是利用了杠杆的原理。有一个杠杆，再有一个支点，重物放在离支点近的一端，只要杠杆足够长，不管要翘起的东西多么巨大，你稍稍用力就能撬起，问题是撬地球时找不到那个支点。

杠杆是具有一个支点并在两点受力的刚性杆。杠杆的发明同量度重量有关，中国《吕氏春秋》《庄子》外篇和《墨经》上都有用杠杆权衡重量的记载，说明中国在古代就已普遍利用杠杆作秤或天平。阿基米德也发现了杠杆原理。杠杆是一种增力机械，利用杠杆可以用小力获得大力。

杠杆原理可以用熟悉的跷跷板来说明。一个大人和一个小孩子玩跷跷板，人们都知道，只要小孩坐在离支点较远的一面，即使大人比小孩重得多，也可以达到平衡，这实际上就是"杠杆"的作用。同样，利用一根撬棒，用相当小的力也能够撬起重物。它的办法是使支点靠近重物、而尽量远离外力的作用点。杠杆一般有3种，第一种如撬棒，支点在受力点和重物之间，剪刀也是第一种杠杆；第二种如手推车，物体在受力点和支点之间；第三种如夹方糖的夹子，作用力在物体和支点之间。

滑轮　在中国战国时期的著作《墨经》中，记载了以斜面配合滑轮或轮轴来起重的实验情形。

滑轮是一个周边有槽能够绕轴转动的轮子，构造虽然简单，但确实是一种很有用的机械。将一个滑轮吊在天花板上，滑轮上绕一根绳子，便可以用来吊东西。这种装置称定滑轮，虽然不能省力，但它能改变力的方向。这种滑轮在生活、生产中的应用是极为广泛的。如果使用滑轮时，滑轮和重物一起移动，这样的滑轮称为动滑轮，使用动滑轮可以省一半的力。把定滑轮和动滑轮组合起来使用称为滑

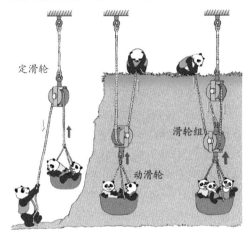

定滑轮

滑轮组

动滑轮

简单机械——滑轮

轮组，使用滑轮组就可以用较小的力提起较重的物体，用更多的滑轮组装之后的机械就可以更加省力。

斜面　在把油桶或粮食搬上车的时候，我们经常可以发现人们都采用了同一种方法：在地面与车厢间用一长直木板架一座"桥梁"，将油桶放倒了滚上去，或将粮食袋拖上去。显然，在地面上都很难挪动的油桶，由于采用了上述做法而使搬动容易了很多。这种机械就是"斜面"。

斜面是同水平面成一倾斜角度的平面，

这个角度通常称为升角。斜面是一种简单机械。它的构造非常简单，但却非常实用。斜面的特点是在高度一定时，斜面越长越省力，像

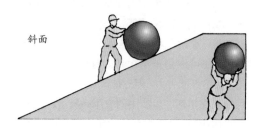

斜面

盘山公路就是利用了斜面省力的道理，虽然车绕行的距离比较远，但不需要太大的牵引力也能上升到顶端。

劈　在机床夹具中广泛应用楔形块来锁紧工件；在木器家具中常在榫接处打入木楔，都用了尖劈摩擦自锁的原理。

劈是具有构成尖锐角度的两个平面的坚硬物体，亦称尖劈。利用尖劈可以增大作用力，并改变力的作用方向。中国周口店北京猿人遗址处发现的两面石器是尖劈的原始形式，距今约有 40 万～ 50 万年。北京猿人遗址出土的新石器时代的石斧、石矛，商周时代的青铜刀器和兵器等，都用到了尖劈形状。这些都说明尖劈是人类最早发明并广泛使用的一种简单工具。

常利用尖劈的这一性质来推举重物，例如，在重的平台下垫以尖劈，用较小的力把尖劈打入，就能把很重的平台升举起来。也可以用尖劈来卡紧物件。如果尖劈的锐角充分小，它可以嵌入木头缝或墙缝里，能够在缝里自锁不掉。在这种情况下，摩擦力起了主要作用，这种现象称为尖劈的摩擦自锁。要能自锁，尖劈的锐角必须充分小才行。

轮轴　汽车司机用不大的力转动方向盘，在轴上就能产生较大的力使汽车转弯；轻轻转动

门把手，就可以把门打开。方向盘、门把手等又属于另一类简单机械——轮轴。轮轴由共同转动的大轮和小轮组成。习惯上把大轮叫轮，小轮叫轴。轮轴实质上是一个变形的杠杆。因为轮半径总是大于轴半径，所以作用在轮上的力总是小于轴上的力，是省力机械。

向心力和离心力　在竞争激烈的摩托车大赛上，人们经常可以看到，在转弯时摩托车的车体和车手的身体都向内倾斜，而且车速越快，倾斜得越厉害，如果在这时车手操作失误，摩托车很容易被甩出去造成事故。这种现象是由摩托车做圆周运动时所受的力决定的。物体只有受到指向圆心的力时才能做圆周运动，这个力便是向心力。向心力并不是一种特殊的力，它是按照力的效果来命名的，也就是说，其他物体作用于做圆周运动物体上的力就是向心力，它可以是重力、弹力、摩擦力、电场力、磁场力或它们之中几个力的合力。其实，在日常生活中，人们骑自行车转弯时、在弯道跑步时，身体都要向圆心倾斜，就是为了让地面的支持力和重力的合力来提供向心力；火车的铁轨在弯道处同样也是外轨高于内轨，轨道对火车的支持力和重力的合力提供向心力。

离心力是做圆周运动的物体施于其他物体上的力，是向心力的反作用力，它们大小

游乐园里的过山车

相等，方向相反，但是分别作用在两个不同的物体上。例如一重物系于绳子的一端，手执绳子的另一端，使它匀速旋转，手对重物施加的力，是重物受到的向心力，而手上感觉到的重物对手的作用力就是离心力。游乐园里的过山车旋转到轨道顶部时，人不会飞出去，也不会掉下来，是因为有离心力和向心力的作用。人和小车对轨道有一个离心力，同时人和小车又受到一个向心力的作用。这个向心力是由人和小车的重量及轨道对小车的弹力提供的。做圆周运动的物体，由于失去向心力或提供向心力不足，将做逐渐远离圆心的运动，即离心运动。离心运动有时是有益的，应该加以利用。例如，可以制成离心式水泵、离心节水器、离心分液器、离心甩干桶等。但是，离心运动有时又是十分有害的，应该防止，例如摩托车、火车在转弯时，如果速度太大，合力提供的向心力不足以维持它做圆周运动，就会出现离心现象，造成事故。

万有引力

人们知道，苹果之所以落向地面，是因为地球对苹果有力的作用，这就是 I. 牛顿首先提出的万有引力。

牛顿认为万有引力不仅存在于苹果与地球之间，也存在于地球和月亮以及太阳和行星之间。宇宙中任何两个物体之间都存在着由质量引起的相互吸引力，这就是万有引力。一个物体既能吸引其他物体，同时也能被其他物体所吸引。万有引力是自然界存在的四种基本力之一，是物质的一种基本属性。地球和其他行星之所以能不停地围绕太阳旋转，是因为它们之间有引力的作用；地球上的物体受到的重力就是地球与物体的万有引力产生的。牛顿将自己的定律应用到开普勒的行星定律中，从而于1687年发表了万有引力定律。这个定律说明，任何两物体之间相互吸

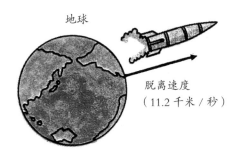

地球

脱离速度
（11.2千米／秒）

和它们质量的乘积成正比，和距离的平方成反比。

万有引力定律最有意义的贡献是根据这一理论为实际天文观测提供了一套计算方法。如只凭少量的观测资料，就能算出天体运行

人能站在地面上而不是悬浮在空中，抛向空中的球又落回到地面，都是因为地球引力的作用。

手中的餐具不小心掉落在地上，也是地球引力的作用。

的长轨道周期，免去了冗长的计算，而且计算结果十分精确可靠；解释了几百年内的许多天体现象与地球物理现象，如哈雷彗星的回归、地球的扁椭球形状。利用这一理论，人们还预测了海王星的位置并发现了这颗星。直到今天，万有引力定律仍是最精密可靠的定律之一，也是天体力学和宇航计算的基础。

宇宙速度

为什么发射到太空的人造地球卫星和宇宙飞船受到地球的引力作用，它们却能够不再落向地面呢？这是因为卫星和飞

船具有足够快的速度——宇宙速度，足以克服地球的引力做匀速圆周运动，在太空中飞行而不坠落。

从地球表面向宇宙发射人造地球卫星、行星际和恒星际飞行器所需要的最低速度称为宇宙速度。宇宙速度分为3种：

脱离速度
（2.4千米/秒）　　　　　　月亮

地球和月亮的质量不同，因而对同一物体的引力也不相同，物体脱离它们引力的速度也就不等，脱离月球的速度只需2.4千米/秒。

第一宇宙速度是人造卫星环绕地球运行所必需的最低速度，为7.9千米/秒。

第二宇宙速度是指航天器为摆脱地球引力场飞往太阳系空间所必需的最低速度，为11.2千米/秒。

第三宇宙速度是指航天器为摆脱太阳系的引力场飞往恒星际空间所必需的最低速度，为16.7千米/秒。

科学家借助太阳系其他星球的"引力支援"，使宇宙探测器的最高速度能够达到100千米/秒以上。可对于浩瀚的宇宙来说，这样的速度仍然不够快。科学家们正在努力研究，以制造速度更快的飞船去探测宇宙的奥秘。现在理论上太阳帆已达到光速的2%。

火箭　人们使用火箭可以把人造卫星和宇宙飞船送入没有大气的宇宙空间。

火箭的种类很多，使用最多的是化学火箭。化学火箭通过燃烧火箭内部携带的推进剂生成高温高压气体，这些气体快速向后喷出，产生很大的反作用力使火箭向前飞行。

推进剂可由液体燃料和氧化剂组成，这种火箭称为液体火箭。当燃料燃烧时，氧化剂能放出燃烧需要的氧，这样火箭飞行时就不需要从外界获得氧气，可以飞到没有空气的太空中去。火箭也可用火药作推进剂，称为固体火箭。火箭也能在大气中飞行，除了发射人造卫星和载人飞船外，从节日的礼花到战争中的各种导弹，也都是靠火箭推动的。

利用火箭一般都能达到很高的速度，但火箭工作的时间都比较短，一般只能在十几分钟到几十分钟内发挥作用，不过这已足够把人造卫星或宇宙飞船送入太空了。由于太空中几乎没有任何阻力，卫星和飞船可以保持极高的速度继续飞行。

火箭一般都是细长的圆柱形，其头部是一个圆锥，宇宙飞船、人造地球卫星就安装在头部。火箭做成这样的形状是为了在大气层中飞行时减少空气的阻力。由于火箭飞行的速度非常快，制造火箭外壳的材料必须能经受得起很高的温度，才能使火箭在飞出大气层的过程中不会因与大气摩擦产生的高温而损坏。发射火箭需要很多学科、部门的密切协作，需要很先进的科学技术。

"长征"3号火箭调试完毕，起竖待发。

中国是火箭的故乡，在宋代就制造了与现代火箭类似的武器，它是用黑火药做推进剂的。

现代火箭于 1926 年首次研制成功，最早是用于发射导弹。后来人们又进一步研究，制造出推动力更大、性能更好的火箭，为发射人造地球卫星和宇宙飞船做好了准备。人类所有的宇宙航行都是使用火箭产生推动力，新研制出的航天飞机也是用火箭发动机推动的。

中国从 20 世纪 50 年代开始进行火箭的研究，经过无数科研工作者的努力，已取得了世人瞩目的成就，所研制出的"长征"系列火箭，不仅成功完成中国发射人造地球卫星的任务，还为中国的载人航天做出了巨大贡献，先后成功发射了"神舟"1 号至"神舟"11 号飞船。其中"长征"3 号乙运载火箭是中国研制的三级液体捆绑式运载火箭，它还几次为其他国家发射了人造地球卫星。

除了化学火箭外，人们还在研究核火箭、太阳能火箭及光子火箭，它们产生的速度更大，发挥作用的时间更长，有了这些新型火箭，人们就可以向更遥远的宇宙空间进军了。

飞艇　100 多年前，德国人首次乘坐"空中庞然大物"——飞艇升上天空。

飞艇是一种有推进装置，可控制飞行的轻于空气的航空器。飞艇由巨大的流线型艇体、位于艇体下面的吊舱、起稳定控制作用的尾面和推进装置组成。艇体的气囊内充有密度比空气小的浮升气体（氢气或氦气）借以产生浮力使飞艇升空。吊舱供人员乘坐和

现代飞艇

装载货物。尾面用来控制和保持航向、俯仰的稳定。1852 年法国人 H. 吉法尔制成一艘装有蒸汽机的飞艇。1900 年德国人 F. 齐伯林制造了第一艘硬式飞艇。飞艇体积大、速度低、不灵活，极易受到攻击。因此飞艇在军事上的应用逐步被飞机所代替。

齐伯林，F.（F.Zeppelin, 1838 ～ 1917）德国伯爵，著名的飞艇设计家。1838 年 7 月 8 日生于德国的康斯坦茨，1917 年 3 月 8 日卒于柏林。首次飞艇试飞成功是在 1900 年。1910 年，他开办了世界上最早的商业航空服务。第一次世界大战期间，德国曾用齐伯林飞艇轰炸伦敦和英国东南部。两次世界大战之间，齐伯林飞艇成为著名民航工具。

飞机　经过无数次实验，1903 年 12 月 17 日，美国莱特兄弟制造的飞机终于飞行成功。经过一个世纪的发展，飞机已成为一种重要的现代化交通工具。

飞机是由动力装置产生前进动力，由固定机翼产生升力，在大气层中飞行的密度大于空气的航空器。飞机机翼并不是水平伸展的，而是向上凸起一些，这样当飞机水平前进时，迎面而来的气流就在机翼下形成向上的升力。飞机飞行速度越快、机翼面积越大，所形成的升力就越大，所以飞机在起飞前要在机场跑道上行进一段距离才能升空，而且飞机不能飞到空气稀薄的地方。

早期的飞机靠机身前端螺旋桨旋转产生的牵引力向前运动。螺旋桨产生的牵引力不大，飞机飞行速度也不快。1939 年 8 月 27 日，第一架使用喷气发动机的飞机飞行成功，大大提高了飞机的飞行速度。喷气发动机是把吸入的空气压缩，再与燃料混合燃烧，形成高温高压气体向后喷出，产生强大的推力，使飞机高速向前飞行。

民用客机结构剖视图

现在，飞机可以以几倍于声音在空气中传播的速度（约 340 米 / 秒）飞行，驾驶这样的飞机，只需要十几个小时就能环绕地球赤道飞行 1 周，这样的飞机叫超音速飞机。制造超音速飞机不仅需要先进的喷气式发动机，还需要在飞机的制造材料、飞机的外形方面达到很高的要求，是一项非常复杂的技术。现在，除了先进的战斗机、侦察机外，大型的客机也出现了超音速飞机。不过螺旋桨飞机并没有被淘汰，在许多不需要高速飞行的工作中（如喷洒农药、森林防火），螺旋桨飞机仍发挥着重要作用。

在飞机不断发展的同时，飞行事故也严重威胁着乘客的人身安全，它会造成几百人的伤亡，损失惨重。现在飞机上都安装了俗称"黑匣子"的仪器，它用来记录飞机飞行时的各种数据。人们为"黑匣子"设计了非常好的保护措施，即使发生飞行事故，它也不会损坏。当发生飞行事故后，找到"黑匣子"并分析其中记录的数据，可以帮助人们找到事故的原因，避免再次发生同样的事故。所以，每当发生飞行事故后，寻找"黑匣子"是一项很重要的工作。

除了用于交通运输外，飞机在军事、科研、农业、公共安全等方面都有着广泛的用途，已经成为现代化生活的重要组成部分。

人造地球卫星　月球不停地围绕地球运行，它是地球的天然卫星。人造地球卫星则是人工制造并发射到太空中，在空间轨道上围绕地球运行的无人航天器，简称为人造卫星。

1957 年 10 月 4 日，苏联发射了第一颗人造地球卫星。此后有十几个国家发射了人造地球卫星，总数有数千颗。中国于 1970 年 4 月 24 日发射了第一颗人造地球卫星"东方红"1 号。到 2019 年中国已经发射了近 300 颗人造地球卫星，其中还有为别的国家发射的卫星。

发射人造地球卫星是一项非常复杂艰巨的工作，需要许多不同学科的科学家密切合作，使用许多现代化手段和工具才能完成。卫星发射时，一般使用多级火箭把卫星送入太空中的预定轨道，发射的成本非常高，美国等国已使用航天飞机发射卫星，这可以大大节省发射成本。

人造地球卫星在距离地面几百到上万千米的高度绕地球不停地运行，它们绕地球运行一周的时间各不相同，距地球越远，绕地球运行一周的时间越长。如果把人造地球卫星发射到离地面 35890 千米高度的赤道上空，卫星

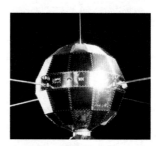

中国于 1970 年 4 月 24 日发射的人造地球卫星"东方红"1 号

运行一周的时间就和地球自转一周的时间相等，恰好是一昼夜。这样，在地面上的人看来，卫星仿佛挂在一个地方不动，卫星和地面是相对静止的，这样的卫星叫作地球同步卫星。

人们现在可以通过电视看到远在万里之外的体育比赛现场，这就是通过人造卫星把比赛的电视信号从远方传送过来的，这样的卫星叫通信卫星。通信卫星还能传送电话、电报、广播等各种无线电信号。许多通信卫星就是

地球同步卫星，只要把 3 颗地球同步卫星发射到地球上空形成一个等边三角形，卫星的信号就可以覆盖全球，这样就可以向全世界传送信息。

中国发射的"风云"2 号气象卫星

此外，军事卫星利用卫星上的仪器对地面目标进行侦察、监视，并传送获取的信息。气象卫星可拍摄大面积的云层照片，将各种大气数据发回地面，为人们准确地预报天气提供可靠的依据。人们每天都能在天气预报中看到卫星云图等由气象卫星发回的资料。资源卫星可以寻找地面甚至地下的各种矿藏资源，它比派遣探矿队更加迅速，而且可以对那些人们难以到达的地方进行探测。导航卫星可以帮助飞机、轮船乃至汽车确定自身的方位和前进的方向。科学研究卫星能够得到在地面难以得到的科研材料并进行在地面环境中难以完成的实验。

多数卫星沿着自己的轨道不停地绕地球运行，直到坠入大气层烧毁。但有些卫星上有小型动力装置，在完成任务后可让卫星返回地球，这就是可回收式卫星。中国已经能够成功地进行卫星回收工作。

载人飞船　1999 ～ 2019 年，中国先后发射了十一艘宇宙飞船。前四艘为无人试验飞船，后七艘为载人飞船。

载人飞船是能保障航天员在外层空间生活和工作，在执行完航天任务后能返回地面的航天器。它是运行时间有限，仅能一次使用的返回式载人航天器。载人飞船一般包括卫星式载人飞船和登月载人飞船。载人飞船可以独立进行航天活动，也可作为往返于地面和航天站之间的"渡船"，还能与航天站或其他航天器对接后进行联合飞行。载人飞船容积较小，受到所载消耗性物资数量的限制，不具备再补给的能力，而且不能重复使用。1961 年苏联发射了第一艘"东方"号飞船，后来又发射了"上升"号飞船和"联盟"号飞船。与此同期，美国也相继研制成功"水星"号飞船、"双子星座"号飞船和"阿波罗"号飞船等载人飞船。后者是登月载人飞船，把人送上了月球。

中国是世界上第三个掌握载人航天技术的国家。2003 年 10 月 15 日，中国第一艘载人飞船"神舟"5 号载着航天员杨利伟进入太空，在绕地球飞行了 14 圈后，于 10 月 16 日安全返回地面。2005 年 10 月 12 日，中国又在酒泉卫星发射中心发射了第二艘载人飞船"神舟"6 号，这次搭乘了两名航天员费俊龙和聂海胜。2008 年 9 月 25 日，中国又发射了第三艘载人飞船"神舟"7 号，翟志刚、刘伯明、景海鹏 3 位航天员随飞船进入太空，翟志刚还出舱实现了中国航天员的第一次太空行走。2011 年 11 月 1 日发射的"神舟"8 号飞船在 11 月 3 日和 11 月 14 日与"天宫"1 号飞行器进行两次交会对接，意味着中国继美、俄之后成为第三个独立掌握交会对接技术的国家，

"阿波罗"11 号太空船，在 16000 千米的距离上看到月球的景象。

为中国今后更大规模的空间探索、建造中国载人空间站奠定了技术基础。

载人飞船具有多种用途，主要是：①进行近地轨道飞行，试验各种载人航天技术，如轨

道交会、对接和航天员在轨道上出舱，进入太空活动等；②考察轨道上失重和空间辐射等因素对人体的影响，发展航天医学；③进行载人登月飞行；④为航天站接送人员和运送物资；⑤进行军事侦察和地球资源勘测；⑥进行临时性的天文观测。

载人飞船一般由乘员返回座舱、轨道舱、服务舱、对接舱和应急救生装置等部分组成，登月飞船还具有登月舱。返回座舱是载人飞船的核心舱段，它是飞船上升和返回过程中航天员乘坐的舱段，也是整个飞船的控制中心，返回座舱不仅和其他舱段一样要承受起飞、上升和轨道运行阶段的各种应力和环境条件，而且还要经受再入大气层和返回地面阶段的减速过载和气动加热。轨道舱是航天员在轨道上的工作场所，里面装有各种实验仪器和设备。服务舱通常安装推进系统、电源和气源等设备，对飞船起服务保障作用。对接舱是用来与航天站或其他航天器对接的舱段。对接舱除有对接锁紧机构外，还有气闸舱，航天员可由此出舱进入空间。应急救生装置保障在应急情况下，使航天员安全返回地面，或转移到其他航天器上。它也是载人飞船的重要组成部分。

为了保证人员能够进入太空和安全返回地面，载人飞船有以下主要分系统：①结构系统；②姿态控制系统；③轨道控制系统；④无线电测控系统；⑤电源系统；⑥返回着陆系统；⑦生命保障系统；⑧仪表照明系统；⑨应急救生系统。

加加林，Y.A.（Yury Alekseyevich Gagarin, 1934～1968）　1961年4月12日，苏联航天员加加林乘坐"东方"1号宇宙飞船从拜克努尔发射场起航，在最大高度为301千米的轨道上绕地球一周，完成了世界上首次载人宇宙飞行，实现了人类进入太空的梦想。

加加林是世界第一名航天员、苏联英雄。1934年3月9日生于格扎茨克区克卢希诺镇，1968年3月27日在一次练习飞行中因飞机失事遇难。1955年从萨拉托夫工业技术学校毕业后参军。1957年在奇卡洛夫第一军事航空飞行员学校结业，同年成为红旗北方舰队航空兵歼击机飞行员。1960年被选为航天员。1961年4月12日，他驾驶"东方"1号飞船完成有史以来的首次太空飞行，使人类从太空观察到了自己居住的地球。这次飞行之后，他被授予列宁勋章和苏联英雄称号。

为纪念他，国际航空联合会设立了加加林金质奖章。月球背面的一座环形山也以他的名字命名。

"神舟"号宇宙飞船

在我国西北腹地，有一个卫星发射基地——酒泉卫星发射中心。正是在这里，我们实现了飞天梦想——"神舟"号飞船飞向了太空。1999年11月20日，我国第一艘宇宙飞船"神舟"1号在甘肃酒泉卫星发射中心由新型长征运载火箭发射升空，次日在内蒙古自治区中部地区成功着陆。2001年1月10日，"神舟"2号飞船也在这里发射升空，飞船返回舱在轨道上飞行7天后成功返回地面。"神舟"2号飞船的结构、技术性能等与载人飞船基本一致，飞船由轨道舱、返回舱和推进舱三个舱段组成。飞船

"神舟"6号飞船剖视示意图（中国空间技术声像多媒体中心制作）

在轨运行期间，各种试验仪器设备性能稳定，工作正常，取得了大量宝贵的飞行试验数据。2002年3月25日，酒泉卫星发射中心成功发射"神舟"3号飞船。飞船搭载了人体代谢模拟装置、拟人生理信号设备以及形体假人，能够定量模拟航天员在太空生活中的重要生理活动参数，如呼吸和血液循环系统中的心跳、血压、耗氧及产生热量等。飞船上安装了逃逸系统，若火箭发射和升空阶段出现意外故障，可确保航天员的生命安全。2002年12月30日，"神舟"4号无人飞船成功进入预定轨道。

　　2003年10月15日，"神舟"5号载人飞船发射升空，将中国航天员杨利伟送上太空。飞船绕地球14圈以后，于16日6点23分在内蒙古阿木古郎草原安全着陆。这次航天飞行任务的顺利完成，标志着我国突破和掌握了载人航天的基本技术，使中国成为世界上第三个，也是发展中国家第一个能够独立开展航天载人活动的国家。2005年10月12日，"神舟"6号载人飞船发射起飞，将航天员费俊龙、聂海胜送上太空。17日飞船安全着陆，成功实现我国第二次载人航天任务。2008年9月25日，中国再次向太空发射了一艘载人飞船——"神舟"7号。"神舟"7号搭载了3名航天员翟志刚、刘伯明和景海鹏，绕地球飞行了68小时左右。在飞船飞行期间，航天员进行了我国首次空间出舱活动。2011年11月1日"神舟"8号飞船升空，成功与"天宫"1号目标飞行器在太空实现交会对接，并于11月17日返回地面，为我国空间站的建设打下了基础。

　　我国的航天技术已经居于世界领先地位，以后还有更多的"神舟"号飞船飞向更远的太空。

杨利伟（1965～　　）"宇航员在太空中能看到长城"的传说，被航天英雄杨利伟明确否

定了。当杨利伟返回地球后，有记者问，你在太空中看到万里长城了吗？杨利伟回答：没有。有专家称，平均宽度不足10米、狭窄而不规则的长城，在20千米外就很难分辨，如果说能从月球上看到长城，相当于在2688米外能看到一根头发丝。

　　杨利伟是中国人民解放军航天员大队航天员，他是我国第一位进入太空的航天员。1965年6月21日生于辽宁绥中县。1983年6月入伍，1987年毕业于空军第八飞行学院，历任空军航空兵某师飞行员、中队长，曾飞过歼击机、强击机等机型，安全飞行1350小时，1992年、1994年两次荣立三等功，被评为一级飞行员。1996年起参加航天员选拔，1998年1月正式成为中国首批航天员。经过

航天英雄杨利伟

5年多的训练，他完成了基础理论、航天环境适应性、专业技术等8大类几十个科目的训练任务，通过了航天员专业技术综合考核，被选拔为中国首次载人航天飞行首飞梯队成员。2003年10月15日，他搭乘"神舟"5号宇宙飞船升空，成为"中国太空第一人"。在太空飞行21小时，飞行里程60万千米，围绕地球飞行14圈后，于10月16日安全返回地面。2003年11月被授予"航天英雄"称号，21064号小行星被命名为"杨利伟星"。现任中国航天员科研训练中心副主任，少将军衔。

"阿波罗"11号宇宙飞船　20世纪50年代，苏联在宇航领域的成功促使美国也加紧进行宇宙飞船的研制，并提出了更高的目标——让人类登上月球。为达到这一目标，

![图](姿控发动机
燃料箱
氦气瓶
指挥舱
发动机喷管
姿控发动机
氦气箱
燃料箱
姿控发动机
液氢箱　氧化剂箱
服务舱发动机　氧化剂箱)

"阿波罗"11号宇宙飞船指挥舱剖视图

美国开始了著名的"阿波罗"工程。在投入了大量的人力物力，经过几十万人8年多的工作和反复演习之后，1969年7月16日，"土星"5号超大型三级式运载火箭携带着"阿波罗"11号宇宙飞船起飞，开始了向月球的进军。经过两天多的飞行，航天员 N.A. 阿姆斯特朗和 E.E. 奥尔德林进入登月舱，并驾驶登月舱与母船分离，向月球表面降落。另一名航天员 M. 柯林斯驾驶飞船绕月球飞行准备接应。7月20日23时17分32秒，登月舱在月球表面软着陆，宇航员阿姆斯特朗走出登月舱小心翼翼地踏上了月球，实现了人类第一次登上月球的壮举，说出了那句注定要载入史册的名言："对一个人来说，这不过是小小的一步，但对人类而言，这却是一个巨大飞跃。"航天员对月球表面进行了两个多小时的科学考察，并在登陆处竖立了一个牌子，上面写着：人类首次月球登陆处，1969年7月。我们是为了全人类带着和平之意而来。然后航天员返回飞船，向地球返航，于7月24日在太平洋夏威夷西南海面落地。

"阿波罗"11号登月成功以后，人类又进行了多次登月考察，包括乘特制的月球车在月球上邀游，采集标本，对月球内部进行探测等。

宇宙空间站　当人们在地面上观测宇宙时，大气层把许多遥远星球射来的微弱的光都吸收了，限制了人们的观察能力。太空中没有空气，有着许多比地面上好得多的观测条件，为此人们除了发射装有科学仪器的卫星外，还希望能直接到太空中进行科学研究，宇宙空间站就是为了这个目的而建造的。

宇宙空间站又叫空间实验室或轨道站，又简称空间站。它也像人造卫星一样由运载火箭送入太空，在距地面约500千米的低轨道上运行。空间站是由多个太

国际空间站将成为人类在太空中长期逗留的一个平台，可容纳7名航天员长期居住，最多时可以容纳15人在上面从事考察活动。目前的国际空间站，可供3名航天员长期工作。

空舱连接而成，主要有对接舱、轨道舱、生活舱、服务舱等，太阳能电池翼装在空间站的外侧，为其提供电源。由于太空中没有空气，生存条件非常恶劣，再加上地面物资供应只能隔很长时间依靠航天飞机运送1次，所以在空间站内设有非常复杂、精密的设施保障航天员的生活需要。在空间站中，水、空气都要经过处理以循环利用，航天员的饮食、排泄也都需要使用特殊的设备帮助。航天员要在这样的条件下生活很长时间，同时还要完成很多艰巨而细致的工作，这对航天员来

说是非同寻常的考验，因此要对航天员进行严格的挑选和认真的训练。

苏联于 1971 年 4 月 19 日发射的"礼炮" 1 号空间站，是世界上第一个宇宙空间站。"和平"号空间站于 1986 年 2 月 20 日发射升空，在距地面 300 ～ 400 千米的高空运行。整个空间站重量达 90 吨，可容纳五六名航天员工作生活。航天员创造了在空间站连续生活 366 天的纪录。2001 年 3 月 28 日，"和平"号空间站在完成历史使命后，按照预定轨道安全坠落南太平洋。15 年中先后有 12 个国家的 100 多位航天员登站工作。现在在太空工作的空间站是"国际空间站"，它是以美国和俄罗斯为主，欧洲空间局、日本和加拿大等国参与建造。它不仅可以供航天员长期居住，进行科学实验，甚至可以接待游客。

宇宙探测器　为了更好地认识宇宙，人们除了在地面以及利用人造卫星和宇宙空间站进行观测外，还发射了宇宙探测器（又称深空探测器）去揭开宇宙的奥秘。

宇宙探测器携带着各种科学仪器在茫茫太空中飞行，它可以飞到月球和太阳系各个行星附近，进行近距离观察，并把观测结果用无线电波发回地球，使人们更清楚地了解这些天体。

发射宇宙探测器需要非常先进的技术，如要有强大动力的火箭使探测器能以很高的速度飞行，脱离地球的引力范围；要有精密的控制系统使宇宙探测器不会在太空中偏离方向；要有灵敏的无线电地面接收装备接收探测器发回的信

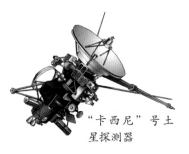

"卡西尼"号土星探测器

号等。最早的宇宙探测器是苏联 1959 年 1 月发射的"月球" 1 号，它对月球进行了观测，9 个月后成为第一颗人造行星飞往太空。此后人们接连发射了多颗宇宙探测器，对太阳系的许多行星，如水星、金星、火星、木星、土星进行了观测，得到大量的宝贵资料。1990 年 10 月，美国发射了"尤里西斯"号宇宙探测器，它从新的方位去观测太阳，使人们能对太阳有更多的了解。1997 年 7 月 4 日，由美国宇航局发射的"火星探路者"号探测飞船经过 7 个多月、9.94 亿千米的航行后，在火星表面着陆，并且不断地向地球传回资料。目前还有一些宇宙探测器在向更遥远的目标前进。例如，美国 1977 年发射的"旅行者" 1 号和"旅行者" 2 号探测器，在完成对太阳系行星的考察后，又向宇宙深处飞去。它携带着地球的资料，在寂寞的空间寻找知音。

航天飞机　1986 年 1 月 28 日，"挑战者"号航天飞机从美国肯尼迪航天中心升空 73

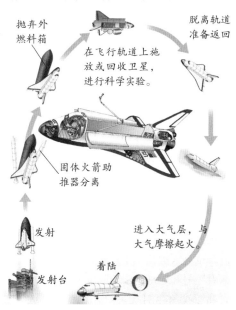

抛弃外燃料箱

脱离轨道准备返回

在飞行轨道上施放或回收卫星，进行科学实验。

固体火箭助推器分离

发射

进入大气层，与大气摩擦起火。

发射台

着陆

航天飞机的飞行过程

秒后突然爆炸，价值 12 亿美元的航天飞机化成碎片坠入大西洋，7 名机组成员全部遇难。

航天飞机是可以重复使用的、往返于地球和近地轨道之间运送有效载荷的载人航天器。它像飞机一样带有机翼，除自身的发动机外另有两个巨大的助推器。航天飞机的机头是流线型的，机头后面是乘员舱，分别由驾驶室、生活室和机械室等部分组成。航天飞机发射时像火箭一样竖直起飞，在主发动机和助推器推动下飞向太空。助推器燃料耗尽后便脱离航天飞机，依靠降落伞落到地面并被回收以便重复使用。航天飞机进入太空完成预定任务后返回地球，能像飞机一样在大气层中滑行，并和飞机一样在跑道上降落。这样航天飞机就可以重复使用很多次，大大降低了发射费用，用途十分广泛。航天飞机为人类自由进出宇宙太空提供了很好的工具。航天飞机一次可载货 30 吨，为建立宇宙空间站提供了有力的运输手段。现在已经可以利用航天飞机把人造卫星送入预定轨道，并能将出现故障的卫星抓住在太空中进行修理。

人们利用航天飞机还可以进行科学研究，在航天飞机上已经进行了许多项科学实验，取得了非常有益的成果，其中有些实验是中学生设计的。

1981 年 4 月 12 日，美国"哥伦比亚"号航天飞机实现了航天飞机的第一次飞行。此后美国又先后有"挑战者"号、"发现"号、"亚特兰蒂斯"号和"奋进"号航天飞机多次进入太空。苏联于 1988 年 11 月发射了"暴风雪"号航天飞机。它们在创造许多太空业绩的同时，也为人类留下了悲壮的一页，美国"挑战者"号和"哥伦比亚"号先后于 1986 年 1 月和 2003 年 2 月失事，有 14 名航天员不幸遇难。这是人类航天史上的巨大损失。

压力和压强　当你用双肩背书包时，书包对你的双肩会有一个作用力；当你潜入水下，你会感到水对你的身体有一个作用力。人们把垂直作用在物体表面的力叫作压力。

用两手的中指拿住一根一端削尖、一端是平的铅笔，相互挤压，虽然两个手指受到的压力是一样的，但是，你的两个手指的感觉会很不一样。物体在单位面积上受到的压力，称之为压强。正是因为压强不同，两个手指的感觉才不同。压力作用的效果不仅仅跟压力的大小有关，还与受力面积有关。如果压力相同，减少受力面积，压强会增大；反之，增大受力面积，压强会减小。

任何物体承受压强都有一定的限度，超过这个限度，物体将被破坏。在日常生活中，人们应用压强的特性的例子很多。我们的书包带一般都做得比较宽、大型拖拉机和坦克不用轮胎而用履带、铁路轨道铺设在枕木上，都是为了增大受力面积以减少压强；而切菜刀的锋刃磨得比较薄、田径运动员的跑鞋底上的钉子比较尖，都是为了减小受力面积以增大压强。

大气压　水对浸在它里面的物体要产生压强。同样，空气对它包围的物体也要产生压强。这个压强叫作大气压强，简称大气压。早先人们认为空气没有重量，不会产生压强。1643 年意大利物理学家 E. 托里拆利提出大气存在压强。他用一根长约 1 米、一端封闭的玻璃管装满水银，然后将开口端倒插在装有水银的槽中，这时玻璃管内的水银会下降，在管的上端形

托里拆利气压计玻璃管内的水银柱，高约 760 毫米左右。

成真空，但是当管内外的水银面高度差为 760 毫米时，管内的水银面就不再下降。由于管内是真空，而管外有大气压强，因此托里拆利测出了大气压强的数值大约等于 760 毫米水银柱所产生的压强，它相当于在每平方厘米的面积上作用 10 牛顿的压力。通常在重力加速度为 9.80665 米 / 秒² ，温度是 0℃时，人们把等于 760 毫米垂直水银柱高的大气压叫作标准大气压。人类生活在这么大的大气压下，却感觉不到，这是因为长期生活在这种环境下，造成了人体内部的压强与大气压强相等的缘故。

地球表面大气层受到重力作用，离地面越近，空气越厚，压强越大；而在离地面越高的地方，大气层越薄，因此大气压强随着海拔高度的增加逐渐减小。初次登上青藏高原的人，会感到呼吸困难，特别是心脏病患者的病情会加重。这是由于高原上的空气稀薄，大气压减小，人们一时难以适应而造成的。

为了测定某一个物体所处的高度，根据大气压强分布的原理制成了高度计，只要测定出某一点的大气压强，就可以知道该点所处的高度。大气压强的变化还与天气的变化有关，高气压往往带来晴天，低气压往往带来阴雨天。因此通过观测大气压的变化，可以预测天气形势的发展。

人们根据托里拆利实验，在玻璃管上刻出相应的刻度，制成了气压计。这种气压计也叫水银气压计。水银气压计测量结果准确，但是携带不便，于是人们又制出了多种形式的气压计，最常用的是金属盒气压计。这种气压计是把金属盒抽成真空，用一根弹簧片与金属盒盖相连。当大气压变化时，盒的厚度和弹簧片的弯曲程度也随之变化，固定在弹簧末端的连杆通过传动机构带动指针旋转，就可以测出大气压强的值了。

真空　1654 年，德国物理学家、马德堡市市长 A. 格里克曾经做了一个震惊世界的实验，被人们称为马德堡半球实验。这个实验告诉人们，大气压强不但存在，而且大得惊人，同时也说明人类可以制造真空。格里克用铜材做了两个直径为 37 厘米的空心半球，两个半球之间贴得紧紧的，无一丝缝隙，然后他用自己发明的抽气机，将球内的空气抽出。

格里克市长利用马德堡半球实验让大家知道大气压力的存在：两个半球内的空气抽掉之后，要再拉开是多么地困难。

当球内空气全部抽出后，用 16 匹马分成两队拼命地往相反的方向拉，结果也没有使两个半球分开。但当空气进入球内后，两个半球毫不费力地分开了。这次实验吸引社会各界产生了对实验科学的广泛兴趣和支持。

日常生活中有很多利用这个原理的例子。例如，用来挂衣帽或其他小物件的带有吸盘的小挂钩，当人们把吸盘贴在平整的墙面，使劲挤出吸盘中的空气后，吸盘就能吸附在墙上。

虹吸现象　一辆因无汽油而抛锚的汽车向其他汽车借汽油时，司机一般采用的办法是：将一根胶管的一端放入装有汽油的油箱里，用嘴对着胶管的另一端吸，直到吸出汽油后快速把这端放入空油箱中，汽油就会自动流入空油箱中，这就是虹吸现象。

由于大气压的作用，液体从液面较高的

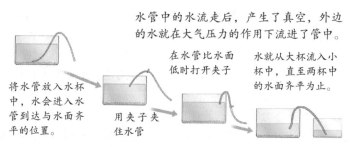

将水管放入水杯中，水会进入水管到达与水面齐平的位置。

在水管比水面低时打开夹子

用夹子夹住水管

水管中的水流走后，产生了真空，外边的水就在大气压力的作用下流进了管中。

水就从大杯流入小杯中，直至两杯中的水面齐平为止。

容器，通过胶管流入液面较低的容器的现象，称为虹吸现象。当油从胶管流向空油箱时，在胶管中就形成部分真空，受大气压力的作用，胶管中的汽油就向上流动。汽油到达最高点时，受重力作用又向下流动。因此，油箱内的汽油就能自动流出来了。虹吸现象发生的条件是：有大气压存在，虹吸管内必须先充满液体，虹吸管两边容器里的液面要有高度差，高位液柱的压强要小于大气压。

　　虹吸现象有着广泛的应用。在黄河下游，由于河水水位高于河堤外的农田，人们就用虹吸管引水进行灌溉。用吸管给鱼缸换水也是一种虹吸现象。

液体压强　　液体能够流动，又有一定的体积，但没有固定的形状。液体同固体一样，对支撑它的物体也有压强，但由于液体具有流动性，它的压强与固体的压强不同，液体对存放它的容器底部和侧壁都有压强，液体内部向各个方向也有压强。液体的压强与液体的深度和液体的密度有关，它随液体深度的增加而增大，在同一深度液体向各个方向的压强是相同的。人们经常看到科学家进行深海资源探究时，要穿上抗压潜水服，以抵御海洋深处的巨大压强。因此，为了进一步研究和开发利用海洋资源，需要设计能够耐高压的潜水设备。

　　几个上端开口、底部相连的容器叫作连通器。连通器中如果只装同一种液体，当液体不流动时，各容器的液面总是保持相平的，

这个原理叫作连通器原理。人们利用这个原理，给锅炉装上水位计，可以随时了解锅炉内的水位。在水库和河道上测量水位时，由于水面的波动，水位测量不稳定，为此人们常在库边或河边修建观测井，用连通管相连。井中的水位就可以近似地当作水库和河道的水位。在河道上建坝拦水，发电灌溉，往往会阻断航运。为了保持航运通畅，人们修建了船闸，即按照航行的方向，运用连通器原理，对船闸充、放水，使船闸里的水位与上游或下游保持相平，船只就可以顺利通过了。

液压机　　汽车司机通常要准备一个液压千斤顶，保证长途旅行时换胎修车。一个小小的千斤顶能够抬起几吨重的汽车，看似非常奇怪，其实它的道理很简单，这主要归功于帕斯卡定律的运用。

　　液压机是利用帕斯卡定律来工作的。帕

$$\frac{W_1}{W_2} = \frac{S_1}{S_2}$$

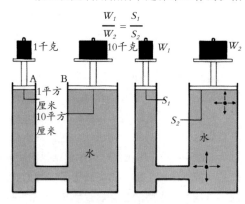

帕斯卡定律示意图

斯卡定律的内容是：在密闭液体上的压强，能够大小不变地被液体向各个方向传递。这是在 17 世纪，由法国科学家 B.帕斯卡通过实验发现并首先提出来的。人们由此得到启

发、发明了各种液压机。液压机的工作原理是这样的，如果将两个大小不同、都带有活塞的液缸相连，并都注满油，当在小活塞上加压时，小活塞对油加的压强就会大小不变地传给大活塞。大活塞上受到的推力大小就是这个压强与活塞面积的乘积。假如大活塞的面积是小活塞的 10 倍，那么大活塞上的推力就是小活塞上压力的 10 倍。液压机就是这样放大作用力的。

液压机的种类很多，功能也不尽相同，上面所说的千斤顶就是液压机的一种。液缸里装水的叫水压机。自卸式运输车、液压挖掘机等都装有液压机，只要用很小的力，就可以产生很大的力。汽车上安装的液压刹车装置，能够将快速行驶的汽车紧急刹住不动。万吨远洋货轮的舵也要靠液压装置来操纵。

浮力　将一个大木块和一根小缝衣针同时放入装有水的盆中，你会发现松手后，大木块会漂在水面上，而小缝衣针却下沉到盆底。这是为什么呢？原来这和物体的浮力有关。

一个物体浸在液体或气体中时，它受到一个向上的托力，称为浮力，其大小等于物体所排开的液体或气体所受的重力。这就是浮力定律。它是古希腊伟大的科学家阿基米德发现的，也称为阿基米德定律。有些物体能够漂浮在水面，有些物体却沉入水底，这决定于物体自身受到的重力和它受到浮力的大小。任何一个物体在水中的沉浮都与物体和水的密度有关：当实心物体的密度比水的密度大时，就会沉入水底，反之就会漂浮在水面；当物体的密度和水的密度相等时，物体可以悬浮在水中。对于空心物体就要通过具体计算确定沉浮。

潜水艇有一个压水舱，使得它能够在水中沉浮自如。当它需要沉入大海时，将压水舱通海阀打开，水进入压水舱，潜水艇的总重力就会增大直至超过舰艇所受到的水的最大浮力，潜水艇便沉入水下。当将压水舱内水排出时，潜水艇的总重力就会减小，当小于舰艇所受到的最大浮力时，潜水艇就会浮出水面。

浮力原理已经应用在许多工程实践中。伐倒的林木有时不需要火车、汽车运输，而是放入河中任其漂流，利用河水的自流就能把它运送到需要的地方去，采矿工人用水流洗沙淘金，农民用盐水选种等都是在利用浮力原理。

阿基米德定律　传说亥厄洛王召见阿基米德，让他鉴定纯金王冠是否掺假。他冥思苦想多日，在跨进澡盆去洗澡时，从看见水面上升得到启示，做出了关于浮体问题的重大发现。在著名的《论浮体》一书中，他详细阐述了这一发现，总结出了著名的阿基米德定律。正是利用这个定律，通过王冠排出的水量解决了国王的问题。

阿基米德定律是由阿基米德明确阐述的关于流体静力学中的浮力的基本原理。即放在液体中的物体受到向上的浮力，其大小等于物体所排开的液体重量。从此使人们对物体的沉浮有了科学的认识。

振动　在阳光明媚的春天，荡着秋千，唱着美妙动听的歌曲，你会想起幸福的童年。荡秋千其实就是一种振动。

振动是指物体在某一中心两侧位置所做的往复运动或某个物理量在其平均值（或平衡值）附近的来回变动。

和秋千类似，一个小球绕着一个平衡位置不停地做小角度的往复运动，叫作单摆。它是振动系统中最简单的一种振动。用一根线将一个小球连接起来，然后固定在一个地方，将小球稍微推离平衡位置，你可以观察到小球来回平稳地摆动。它的摆动幅度与你最初将小球推离平衡位置的距离相同。小球摆动1周所需的时间称为振动的周期。小球来回摆动1周所需的时间总是一样的，称之为单摆的等时性。在1秒钟内，小球摆动的次数称为振动的频率。小球摆动时偏离平衡位置的最大距离叫作振幅。人们经过研究发现：单摆的周期与小球的质量无关，当振幅不大时，与振动的幅度也无关。悬挂小球的线的长度才决定着单摆的周期的长短。如果小球摆动时，不受空气阻力的作用，小球会永不停止地摆动下去。但是，由于空气的阻力作用，小球最终会停止摆动。

共振　1906年的一天，在俄罗斯的彼得堡，有一队士兵在指挥官的口令下，迈着威武雄壮、整齐划一的步伐行进在一座桥上，这时桥梁突然发生强烈的颤动并最终断裂坍塌，导致了桥毁人亡的悲惨事故。造成大桥断裂坍塌的罪魁祸首，正是共振。

共振是当外部作用力的振动频率与物体本身的固有频率相同时，物体产生强烈振动的现象。上述事故中，由于大队士兵齐步行进时步伐十分整齐，产生的频率正好等于桥的固有频率，使桥的振动加剧，当它的振幅达到最大限度直至超过桥梁的抗压力时，桥就断裂了。类似的悲剧在美国也发生过。有鉴于此，后来许多国家的军队都有这样一条规定：大队人马过桥时，要改齐步走为便步走。

人们认识了共振的破坏性，对于生产和生活很有用。在建造铁路桥梁时，要注意避免火车过桥产生的频率与铁路桥梁的固有频率相近或相同，火车过桥时要减速慢行，以免发生共振，造成交通事故；在攀登雪山时，也不能大声说话，以免空气的振动引起山体共振发生雪崩。共振也可用来为人类服务，如人们用机械共振原理制造出地震仪，来监测地震灾害的影响；收音机也是利用共振现

象来进行调谐选台的。我们人的耳朵中也有一套共振系统，所以人才能听到别人的声音，才能与他人交流。

声波是由物体振动产生的，声波的共振现象就是共鸣。古时还有一个有趣的故事，说的是人们如何巧妙地消除共振。在唐代的时候，洛阳有个和尚的房屋里挂着一种乐器——磬，它经常自鸣，和尚因此惊恐成疾。他有一个朋友叫曹绍夔，是朝中管音乐的官员，闻讯后特地去看望他。这时候正好听见寺院敲钟的声音，磬又随之响了起来。曹绍夔就对和尚说："你明天设盛宴款待我，我就可以治好你的病。"和尚一一照办了。第二天吃完饭，曹绍夔找到一把钢锉，在磬上锉磨几处，从此磬就不再自鸣了。和尚觉得奇怪，询问其中原因，曹绍夔说：这个磬和寺院的钟的振动特性一样，因此敲钟的时候磬也就会鸣响。和尚听了以后非常高兴，病也就好了。这个故事表明，中国古代人不仅懂得共鸣现象，而且还掌握了消除共鸣现象的科学方法。把磬体稍微锉去一点点，就改变了磬的固有频率，它就不再和外界的钟声产生共鸣了。许多乐器都利用了声源和空气柱共鸣来增强乐器的发声。

在现代，共振技术普遍应用于各个领域。如各种弦乐器中共鸣箱利用的"力学共振"，广播电视中利用的"电磁共振"，医疗技术中利用的"核磁共振"等。当今正在蓬勃发展的信息技术、基因科学、纳米材料、航天技术等，更是大量应用到共振。

电磁学　电磁学是物理学的分支学科，主要研究电、磁和电磁相互作用现象及其规律和应用。根据近代物理学的观点，磁是由运动电荷所产生，因而在电学的范围内必然不同程度地包含有磁学的内容。

电磁学从原来互相独立的两门科学（电

学、磁学）发展成为物理学中一个完整的分支学科，主要是基于两个重要的实验发现，即电的流动产生磁效应，而变化的磁场则产生电效应。这两个实验现象，加上 J.C. 麦克斯韦关于变化的电场产生磁场的假设，奠定了电磁学的整个理论体系，发展了对现代文明起重大影响的电工和电子技术。

麦克斯韦电磁理论的重大意义，不仅在于这个理论支配着一切宏观电磁现象（包括静电、稳恒磁场、电磁感应、电路、电磁波等），而且在于它将光学现象统一在这个理论框架之内，深刻地影响着人们认识物质世界的思想。

电子的发现，使电磁学和原子与物质结构的理论结合了起来，H.A. 洛伦兹的电子论把物质的宏观电磁性归结为原子中电子的效应，统一地解释了电、磁、光现象。

电荷　许许多多的电现象在身边发生，如雷电及脱毛衣或羽绒服时的放电等，这些都是由于电荷的移动产生的。

自然界只存在两种电荷：正电荷和负电荷。同种电荷相互排斥，异种电荷相互吸引。用摩擦的方

在同种电荷相互排斥实验中，当金属杆端的球体接触带电体时，这个验电器的两个薄金属叶片获得同样电荷，就会互相排斥而分开。

法可以使物体带电，用丝绸摩擦过的玻璃棒带正电荷，用毛皮摩擦过的硬橡胶棒带负电荷。有了这样的规律，利用同种电荷相互排斥、异种电荷相互吸引的特性，就可以对所有物体所带的电荷进行正、负性判定。等量的正、负电荷吸引到一起中和后，电荷为零。

电荷守恒定律　自然界中有许多守恒量，人们已经发现了多个，其中包括正负电荷守恒。

电荷的移动可以产生电现象，但是在任何电现象中电荷的总量不变，电荷是不能创生和消灭的。电荷守恒是物理学的基本定律之一，其内容是：一个孤立系统的电荷量不变，即在任何时刻系统中的正电荷与负电荷的代数和保持不变。如果某处处在一个物理过程中产生（或消失）了某种符号的电荷，那么必有等量的异号电荷伴随产生（或消失）；如果某一区域中的总电荷增加（或减少）一定量，那么必有等量的电荷进入（或离开）这一区域。

电量　物体带电的多少叫作电荷量，也叫电量。正电荷的电量用正数表示，负电荷的电量用负数表示。

1881 年爱尔兰物理学家 G.J. 斯托尼提出"电子"这一名词。他依据法拉第电解定律，认为任何电荷都是由基元电荷组成，并给电荷的这一最小单位取名为电子。英国物理学家 J.J. 汤姆孙对阴极射线进行了深入研究，测定了阴极射线中带电粒子的荷质比。由于一系列成功的实验，他被科学界公认是电子的发现者。在国际单位制中电量的单位是库仑，简称库（C）。电子的电量为 -1.6×10^{-19}C，称为基本电量。电子是带有单位负电荷的一种基本粒子。

自由电子　原子是由原子核和核外绕核旋转的电子组成的。原子中离核较远的电子，如金属原子的最外层的电子，很容易挣脱原子核的束缚。这种电子在外电场的影响下，可移动宏观距离，所以称它为自由电子。金属导体中的自由电子浓度很大，每立方厘米约为 1022 个，所以在外电场作用下做定向移动易形成较大电流，因此金属表现出良好的导电性。

束缚电荷 束缚是相对于自由而言的。与自由电荷相反，如果电荷被紧密地束缚在局域位置上，不能作宏观距离移动，只能在原子范围内活动，这种电荷叫作束缚电荷。绝缘体内部，绝大多数的电荷为束缚电荷，缺少自由电子，所以导电能力差。理想的绝缘介质内部只有束缚电荷。

导体和绝缘体 善于传导电流的物质称为导体，如铜、银、铝和碱、酸、盐的水溶液。不善于传导电流的物质称为绝缘体，如常见的玻璃、橡胶、塑料等。

导体中存在大量可以自由移动的带电物质微粒，称为载流子。在外电场作用下，载流子做定向运动，形成明显的电流。

金属是最常见的一类导体，其中的载流子是自由电子，金属中自由电子的浓度很大，所以金属导体的电导率通常比其他导体材料的大。电解质的水溶液及熔融电解质也是导体，其中的载流子是正负离子。电解液在通电过程中伴随着化学变化，因此它常应用于电化学工业（如电解提纯、电镀等），并把它称为"第二类导体"。而把导电过程中不引起化学变化，也没有显著物质转移的导体，如金属，称为"第一类导体"。

导体和绝缘体的划分也不是绝对的，在通常情况下是很好的绝缘体，当条件改变时也可以变为导体。如通常情况下的空气是不导电的，但潮湿的空气是导电的。

半导体 人们通常按导电能力的大小，将材料分为导体、半导体和绝缘体。金属作为导体，它的导电能力最大；绝缘体不导电；而半导体的导电能力介于导体和绝缘体之间。半导体为什么有这个特性呢？因为半导体内部用来导电的自由电子，既不像导体那么多，也不像绝缘体那么少。

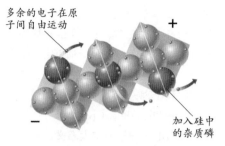

电子型（N型）半导体

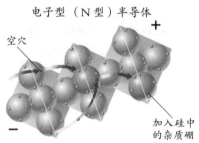

空穴型（P型）半导体

常用的半导体材料有硅、锗、硒等。它们之所以能成为半导体，是因为它们的导电能力受掺杂、温度和光照的影响十分显著。例如，纯硅原子的最外层有4个电子，由于它们全被邻近的原子所吸引，电子无法在硅中自由运动，因而纯硅是绝缘体。如果在硅中添加一些磷作为杂质，由于磷原子外层有5个电子，其中4个电子被邻近的硅原子所吸引，多出的一个电子就成为在硅中自由运动的电子，这时的硅就能导电了。这种以自由电子导电的半导体，就叫作电子型半导体。如果在纯硅中加入外层只有3个电子的硼原子或铟原子，它们就会从邻近的硅原子中吸引1个电子过来，结果就使硅原子表面形成一个带正电荷的空穴。带空穴的硅也能导电，叫作空穴型半导体。所以同一种半导体材料，可以做成两种类型的半导体，即电子型半导体（以符号N表示，也称N型半导体）和空穴型半导体（以符号P表示，也称P型半导体）。

用半导体可以制造二极管、三极管和集成

电路等多种半导体元件。半导体元件有许多独特的功能，它具有单向导电性，即仅允许电流由一个方向通过元件。半导体三极管可以用来放大电信号。在常用的电器中，如收音机、录音机、电视机、电脑等，都可以找到大量的半导体元件。在一片微小的半导体材料硅片上，可以放置几亿个晶体管、电阻等电子器件，它们构成了大规模、超大规模集成电路。电子计算机、彩色电视机、电子游戏机等多种电器，都采用了集成电路。一块集成电路芯片甚至可完成彩色电视机所有电路的功能。半导体的出现和使用，为人类社会从工业时代进入到信息时代打下了基础。

集成电路

集成电路是将晶体三极管、晶体二极管等有源元件和电阻器、电容器等无源元件，按照一定的电路关系"集成"在一块半导体单晶（主要是硅单晶）片上，以完成特定功能的电路或系统。这种集成电路与过去将各个电子元件分别

半导体集成电路

封装，然后装配在一起的电路不同，不仅表现在外形体积更小、重量更轻，而且反映在制造工艺技术上，它的全部元件及其互连导线都在一系列特定工艺技术加工过程中完成，大大提高了电路性能的可靠性。原先几间房子那么大的电子计算机现在可以变成和书包差不多大，而功能却提高许多，依靠什么？靠的是集成电路。

集成电路发展很快，集成程度不断提高，一块硅芯片上（只有指甲大小）集成的元件数小于100个的称为小规模集成电路，100～1000个元件的称为中规模集成电路，

1000～100000个元件的称为大规模集成电路，100000个元件以上的称为超大规模集成电路。

集成电路是当前发展计算机等电子信息技术所必需的基础电子器件。20世纪90年代以来，集成电路的集成程度以每年增加1倍的速度在增长。在生产、生活的各个领域，超大规模集成电路都发挥出不可估量的作用。

超导体

某些物质在低温条件下呈现电阻等于零和排斥磁力线的性质，这种物质称为超导体。

1911年荷兰物理学家 H. 开默林－昂内斯发现，当温度降低到 4.2K 附近时，汞样品的电阻突然降到零。

由超导体金属制造的高张力低阻电缆

不但纯汞，甚至汞和锡的合金也具有这种性质。他把这种性质称为超导电性。现已发现有28种元素、几千种合金和化合物是超导体。超导体的另一个特性是磁力线不能穿过它的体内，也就是说超导体处于超导态时，体内的磁场恒等于零。超导体的这种排斥磁力线的现象称为迈斯纳效应（理想抗磁性）。超导体由正常态转变为超导态的温度称为临界温度（Tc），大多数在10K以下。在20世纪80年代末，世界上掀起寻找高温超导材料的热潮，1986年出现氧化物超导体，其临界温度超过了125K，在这个温度区上，超导体可以用廉价而丰富的液氮来冷却。此后，科学家不懈努力，在高压状态下把临界温度提高到164K（零下109摄氏度）。20世纪末，超导体在某些科学技术领域中开始进入实用阶段。

静电感应

将一种能导电的物体，放在一个带电体附近，这时靠近带电体的导电体表

面，就会出现相反的电荷，这种现象就是静电感应。

我们可以用验电器、橡胶棒和导体做一个小实验来说明静电感应的基本原理。验电器 C 不带电时，金属箔片呈下垂状态。橡胶棒 A 是已带有负电荷的带电体。将导电体 B 靠近 A，由于静电感应，在 B 靠近 A 的一端就感应出了正电荷，于是 A 和 B 出现了相吸

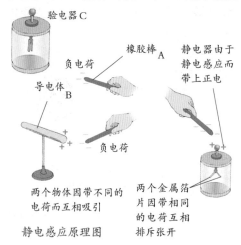

验电器 C
橡胶棒 A
负电荷
导电体 B
静电器由于静电感应而带上正电

两个物体因带不同的电荷而互相吸引

两个金属箔片因带相同的电荷互相排斥张开

静电感应原理图

的现象。同理，再将 A 靠近验电器 C，由于 C 也是导体，所以靠近 A 一端的 C 也带上了正电荷，而验电器 C 中的金属箔片就相应地带上了负电荷，两个带负电荷的金属箔片出现了同性排斥现象，所以金属箔片就张开了。人体也是导体。平时，当人们靠近带电物体时，身体就可能因静电感应而带电，这也启发人们利用静电感应现象可以使导体带电。静电复印、静电除尘等，都是利用静电感应原理工作的。

静电除尘　摩擦与静电感应能生成静电，静电会给人们的生活带来麻烦，但也可以利用它为我们做事。如利用静电消除烟气中的煤粉。其原理是利用带电的物体有吸引轻小物体的性质。

如图所示的除尘器由金属烟筒内壁和悬

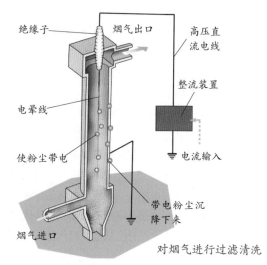

绝缘子
烟气出口
高压直流电线
整流装置
电晕线
使粉尘带电
电流输入
带电粉尘沉降下来
烟气进口

对烟气进行过滤清洗

在烟筒中的金属线组成，金属线接到电源的正极，烟筒内壁接到电源的负极，它们之间有很强的电场，而且距内壁越近，场强越大。空气中的烟尘分子被强电场电离，成为电子和正离子。正离子向内壁运动被吸到内壁上，得电子又成为分子。电子向着正极运动的过程中，遇到烟气中的煤粉，使煤粉带负电，吸到正极上，最后在重力的作用下落入下面的漏斗中。

静电复印　当有文字、图画需要复制时，人们立刻会想到复印。复印机是用静电感应原理制成的办公设备。

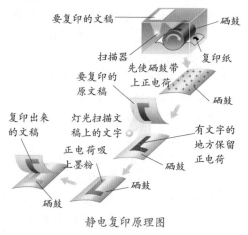

要复印的文稿
硒鼓
扫描器
复印纸
先使硒鼓带上正电荷
要复印的原文稿
硒鼓
复印出来的文稿
灯光扫描文稿上的文字
有文字的地方保留正电荷
正电荷吸上墨粉
硒鼓
硒鼓

静电复印原理图

在复印机中有一个重要的部件叫硒鼓，它是由铝质滚筒表面镀半导体硒制成的。半导体硒在无光照时是很好的绝缘体，能保持电荷，当受到光照立即变成导体，将所带电荷导走。当复印机工作时，给硒鼓充电，使其表面带正电荷。利用光学系统将原稿上的字迹成像于硒鼓上，叫曝光。有文字的地方保持着正电荷，其他地方受到光照，正电荷被导走。硒鼓上有了静电潜像（带正电部分），如果墨粉带负电，它会被静电潜像吸引，使静电潜像带上墨粉。转印电极可以使输纸机的纸带正电，这样纸与带墨的静电潜像接触就在纸上生成复印件。

雷电

在雷雨天气，人们最好不要站在大树下和空旷的田野里，以免被雷电击中。那么雷电到底是什么呢？雷电的本质是自然界中一种大规模的火花放电。

利用长时间曝光法拍摄的闪电照片

在通常的气压下，当在比较平坦的冷电极间加高电压时，若电源供给的功率不太大，则在强电场下气体被击穿，伴随有火花和爆裂声，这就是火花放电。由于气体被击穿后电流强度猛增而电源功率不够，电压随即下降，放电暂时熄灭，电压恢复后又继续放电，因此火花放电具有间歇性。

云层之间的摩擦、水滴冰粒上升过程中的摩擦都会使云层带电。带电量越大，云层间的电压越高。当电压高到一定程度时，就会击穿云层间的空气，形成火花放电，这就是雷电。

尖端放电

放电有多种形式，冷电极间的高压可以使电极间的空气被击穿产生火花放电；如果是在强电场下电极间的空气被电离，会形成另一种放电形式，就是尖端放电。

电荷在导体表面的分布与导体表面的弯曲程度有关。导体表面比较平坦的地方，电荷的分布比较稀疏，导体表面附近的电场比较弱；导体表面凸出和尖锐的地方，电荷的分布比较密集，导体表面附近的电场比较强。空气中的残留离子在尖端附近的强电场作用下发生剧烈运动，与空气中的气体分子碰撞，使空气中的气体分子电离，产生的大量与导体尖端同种电荷的离子被排斥远离尖端；与导体尖端异种电荷的离子被吸引，与尖端上的电荷中和，相当于导体尖端失去电荷，这样会发生尖端放电。

利用尖端放电可以进行金属的焊接和制作避雷针。

避雷针

避雷针是利用尖端放电的原理制成的。带电的云层接近地面时由于静电感应，地面上的物体会出现异种电荷，并且密集在凸出的物体上，如大树、铁塔、烟囱、高层建筑物等。当电荷累积到一定程度时，带电云层和这些凸出的物体之间也会发生强烈的放电，形成雷电。这种雷电对人身和建筑物可能造成伤害。避雷针是一个金属的尖端导体，安装在建筑物的顶端，用粗导线与埋在地

避雷器

下的金属板连接，保持与大地有良好的接触。通过避雷针可以不断地放电，避免电荷的大量积累，防止强烈的火花放电，从而避免建筑物和人员受到雷击。

电流　现代生活离不开电，是电流把电能送到人们需要的地方。

18 世纪末发现电荷能够流动，这就是电流。人们规定正电荷移动的方向为电流的方向。在电源外部的电路中，电流的方向是从电源的正极出发经用电器回到电源的负极。电流的强弱有所不同，这种强弱可用物理量表示：通过导体横截面的电荷量 q 跟通过这些电荷量所用时间 t 的比值为电流。用 I 表示电流，则有：

$$I = \frac{q}{t}$$

在国际单位制中电流的单位是安培，简称安，符号是 A。如果在 1 秒的时间内通过导体横截面的电荷量是 1 库仑，导体中的电流就是 1 安培。

方向不随时间而改变的电流叫直流电流，简称直流电。方向和强弱都不随时间而改变的电流叫作恒定电流。通常所说的直流电常常是指恒定电流。方向随时间而改变的电流叫交流电流，简称交流电。我们平时家里电器用的电都是交流电。

电流具有热效应、磁效应、化学效应。

电路　电流能够在导体中流动。人们在了解各种电学元器件对电流有控制作用之后，就想到组合各种电学元器件使之完成某种功能。

用导体把离散的电源、电阻器、电容器、电感器以及其他电器件或设备连接起来，构成电流的通路，叫电路。各离散的器件或设备概称电路元件。大至全国的电力网，小至计算器中的基片，都是实际的电路。用符号表示电源、用电器、开关、仪表等电路元件，再用线条把它们连接起来构成的线路图就是电路图。

如果两个用电器首尾相连，然后接到电路中，就说这两个用电器是串联的；如果把两个用电器的两端分别连在一起，然后接到电路中，就说这两个用电器是并联的。

电阻　导体对电流的阻碍作用叫电阻。一个导体对电流阻碍作用的大小，是由导体本身决定的，与外界因素无关。实验表明，导体对电流的阻碍作用大小与导体的长度 l 成正比，与它的横截面积 S 成反比。如果用 R 表示电阻，则有：

$$R = \rho \frac{l}{S}$$

上式称为电阻定律。式中的比例常量 ρ 跟导体的材料有关，是一个反映材料导电性能的物理量，称为材料的电阻率。横截面积和长度都相同的不同材料的导体，ρ 值越大电阻越大。当 $l = 1$ 米，$S = 1$ 米² 时，ρ 的数值等于电阻 R 的值。在国际单位制中长度单位是米（m），电阻单位是欧姆（Ω），则 ρ 的单位是欧姆·米（Ω·m）。各种材料都有各自的电阻率。

各种材料的电阻率都随温度而变化。许多金属的电阻率随温度的升高而增大。电阻温度计就是利用金属的电阻随温度变化的性能制成的。有些合金如锰铜合金、镍铜合金的电阻率几乎不受温度变化的影响，常用来制成标准电阻。

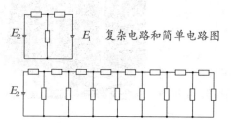

复杂电路和简单电路图

欧姆定律 电阻的单位是欧姆,这是为了纪念德国物理学家 G.S.欧姆对物理学的贡献而用他的名字命名的。欧姆的最大贡献是发现了欧姆定律,这是电学的基本实验定律之一。

欧姆定律表述为:通过导体的电流 I 与其两端之间的电压 U 成正比,比值为导体的电阻 R。欧姆定律适用于金属,也适用于导电的溶液(如酸、碱、盐的水溶液)。电路理论中把适用于欧姆定律的电阻称为线性电阻。欧姆定律的数学表达式为:

$$I = \frac{U}{R}$$

包括电源在内的闭合电路称为全电路,其电流强度 I 和电源的总电动势 E、总电阻 r 及外电路总电阻 R 的关系用下式表示:

$$I = \frac{E}{R + r}$$

这一公式所描述的是全电路欧姆定律,而称前一个公式所描述的欧姆定律为部分电路的欧姆定律。

常用电路元件 打开收音机的外壳,就会看到有许多不同颜色和形状的电子元件,这些元件有不同的用途。

最常用的电路元件有电阻器、电容器、电感器等。它们对电流的控制作用不同。简

要地可以说:电阻器对直流电、交流电都有阻碍作用;电容器对直流电有隔断作用,对交流电的阻碍作用与交流电的频率有关,频率越高阻碍作用越小;电感器对直流电没有阻碍作用,对交流电的阻碍作用与交流电的频率有关,频率越低阻碍作用越小。

电阻器 利用导体的电阻对电流有阻碍作用制成的电路元件叫电阻器,可用于控制电流的大小和实现电能向内能的转换。电阻器的种类按阻值可分为定值电阻、可变电阻;按功能可分为热敏电阻、光敏电阻等;按欧姆定律又可分为遵循欧姆定律的线性电阻(伏安特性曲线为过坐标原点的直线)和不遵循欧姆定律的非线性电阻(伏安特性曲线不为直线),还可以按材料分为若干种电阻器。电阻器种类繁多,用途广泛。

光敏电阻 当有人走近宾馆的大玻璃门时,门自动地打开了。这种自动控制的原理之一是光控,而光控又离不开光敏电阻。

光敏电阻是利用一些半导体受光照后显著改变导电性能的特性制成的器件。在半导体两端镀上电极就构成了光敏电阻。光敏电阻可以起到开关的作用,在需要对光照有灵敏反应的自动控制设备中有广泛的应用。

根据半导体材料及掺杂类型的不同,不同的光敏电阻对不同的光谱段敏感。在可见光区使用的主要是硫化锌、硫化镉、硒化镉及其混合多晶光敏电阻。

热敏电阻 电冰箱在温度升高时会自动启动制冷系统,因为它里面装有热敏电阻。

热敏电阻是根据导体电阻随温度变化的特性制成的器件。它能将温度变化转化为电信号,测量这种电信号就可以知道温度的变化情况。

最常用的电阻温度计是采用金属丝绕制

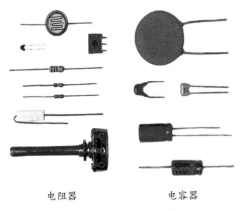

　　电阻器　　　　　　电容器

各种形状的电阻器、电容器

成的感温元件，主要有铂电阻温度计、铜电阻温度计。低温下还使用铑铁、碳和锗电阻温度计。半导体热敏电阻温度计是利用半导体器件的电阻随温度变化的规律来测定温度，其灵敏度很高。

电位器

在无线电接收机中，旋动旋钮就可以方便地调节音量，用作音量控制的器件就是电位器。

电位器是一种常见的用作可连续调节的分压器和可变电阻器。一般有 3 个接线头，其中两个固定在两端并接于电路中，一个在中间接于活动的接触臂。转动接触臂，就能调节臂与任何一固定端的电阻，从而调节臂与该端的电压。这样可以用来控制与电压有关的电器，如电热器温度、灯光的明暗调节。

电容器

顾名思义，电容器是一个专门贮存电荷的容器。

一对互相绝缘的导体构成 1 个电容器，这对导体则被称为该电容器的两个极。电容器的两个极上贮存等量的、电性相反的电荷，两极间则充满绝缘介质。

电容是描述电容器容纳电荷性能的物理量，用符号 C 表示，单位是法拉（F）。电容的大小取决于两导体的形状、大小、相对位置及导体间的绝缘介质。把电压 U 接到电容器的一对极板上，它们得到的大小相等、符号相反的电荷电量为 Q，两导体间的电势差 $U_A - U_B = U$，则有关系式为：

$$C = \frac{Q}{U}$$

电容器种类繁多，用途各异。按绝缘介质分为纸介电容器、云母电容器、瓷介电容器、电解电容器等。按结构可分为定值电容器、可变电容器。大型的电力电容器主要用于提高用电设备的功率因数，以减少输电损失和充分发挥电力设备的效率。电子学中广泛采用电容器，以提供交流旁路稳定电压，用作级间耦合，以及用作滤波器、移相器、振荡器等。

电流表和电压表

制作电子装置、检修电子仪器，都离不开检测电路的仪表，比如电流表和电压表。

电流表是测定电流强弱的仪表，又称安培表。按照其测量范围的大小可分为微安表、毫安表和安培表。电流表的主要结构是：在很强的磁体之间固定一个可以绕轴转动的线圈。其工作原理是：当有电流通过线圈时，由于磁场对通电线圈的磁力矩和固定在线圈轴上游丝的回复力矩的作用，使线圈发生一定的偏转，固定在线圈上的指针就在标尺上指出待测电流的大小。使用电流表时必须和待测电路串联，一般可直接测量微安或毫安数量级的电流。为扩大电流表的量测范围，电流表需要并联电阻器（又称分流器）。对于几安的电流，可在电流表内设置专用分流器，对于几安以上的电流，则采用外附分流器，大电流分流器的电阻值很小。

电流表所能测量电流的最大范围，即它的满刻度电流称电流表的量程。如果通过的电流超过允许值，就会把指针碰弯，甚至把电流表烧坏。因此，使用时要注意表的量程。

电压表是测量电路两端电压的仪表，又称伏特表。电流表的电阻一旦确定，所有通过电流表的电流与其两端的电压成正比。我们知道了电流值，也就可以间接知道电压值，但这个电压是受电流表最大电流限制的，而在实际测量中往往要量测大大超过电流表允许的电压，所以我们将一个阻值大的分压电阻串联在电流表上，就把电流表改装成了电压表。电压表必须与被测电路并联在一起使用。由于电压表的电阻很大，可以认为是断路，对被测电路影响很小。

万用电表（简称万用表）是一种应用非常广泛的电工、无线电电路的测量仪表，实际上也是由电流表改装而成的。

万用电表　万用电表又称多用电表，是一种测量电流、电压、电阻等电器参量的小型可携带式仪表。它的特点是量程多、用途广。

一般的万用表可以用来测量直流电流、直流电压、交流电压、电阻和二极管、三极管等。它是由磁电系仪表、选择开关和测量电路等组成。通过选择开关的变换可以方便地测量各种量值。

MF–16 万用表

电功和电功率　力可以做功，电流也可以做功。电功是电流做功的简称。电流是在电场力作用下，自由电荷发生移动形成的。显然电场力对自由电荷做功，就是电流在这段电路上做功。设一段电路两端的电压为 U，通过的电流为 I，在时间 t 内电流所做的功为 W，则：

$$W = UIt$$

在国际单位制中，电功的单位是焦耳（J）。

在微观粒子的计算中，还有一个常用的电功的单位是电子伏特（eV）。它的意义是：电场力使 1 个电子在电场中两点间移动，如果这两点间的电压是 1 伏，则电场力所做的功是 1 电子伏特。焦耳与电子伏特的换算为：1 电子伏特 = 1.6×10^{-19} 焦耳。

电流做功意味着电能转化为其他形式的能。

单位时间内电流所做的功，叫作电功率，用 P 表示，电功率的单位是瓦特（W），则有：

$$P = \frac{W}{t} = UI$$

1 瓦特表示在 1 秒内电流做了 1 焦耳的功。

一个电器有"额定功率"，它是指电器在正常工作时所消耗（或发出）的功率。在这个功率下电器或元件可以长时间工作。电器只有在额定电压下才能发出额定功率。如果所加电压大于额定电压，则电器的实际功率大于额定功率，这样的状态不可时间太长，不然电器会损坏。如果所加电压小于额定电压，则电器不能发挥设计功率，造成浪费。

焦耳定律　当电流通过导体时，导体要发热，这说明电能转化成了热能。那么这种转化遵守什么样的规律呢？

焦耳定律是定量说明传导电流将电能转换为热能的定律，它是由 J.P. 焦耳在 1840 年根据实验结果提出的。

焦耳定律指出：电流通过导体时产生的热量 Q（称为焦耳热）与电流 I 的 2 次方、导体电阻 R 和通电时间 t 成正比。采用国际单位制时，其表达式为：

$$Q = I^2Rt$$

它是设计电路照明、电热设备，计算各种电气设备温升的重要公式。

电源　人们日常使用的电，或来自发电机或来自电池，所以人们把发电机、电池叫作电源。物理学中把对电路提供电能的装置称为电源。它可以把化学能、机械能、热能、光能、核能等直接转化为电能。

在电源内部由非静电力对正电荷做功，将正电荷从电源的负极移到电源的正极，在这过程中不同的电源对正电荷所做的功是不同的，对单位正电荷做功多的电源，即是将其他形式能转化为电能的本领强的电源。可以用物理量电源电动势 E 表征这一性能，它是标量，单位为伏特（V）。电源电动势与外电路的性质以及是否接通都没有关系。电源内部的电路称为内电路，在内电路上也有电阻，称为内电阻，用 r 表示。在高中阶段认为电源电动势 E、内电阻 r 是不变量。在电源的工作过程中电源一方面对电路提供电能，另一方面由于内电阻的存在，电源内部不可避免地消耗一些能量。电源转化的功率为 IE，电源内部消耗的功率 I^2r，电源的输出功率 IU（U 为电源两端的电压），则有下面关系式：

$$IE=IU+I^2r$$

如果两边同时除以 I，则有 $E=U+Ir$。说明电源电动势在数值上等于外电压与内电压之和。

不同的用电器对电源的要求不同，为适应这些要求，人们制作出不同的电源，如交流电源、直流电源、稳压电源、可调电源等。

电池　日常生活中，用到大大小小的电池种类非常多。但是你知道吗，作为电源，电池的历史最久，大约有 200 年了。

电池是把化学能、光能、热能等直接转换为电能的装置，如化学电池、太阳能电池、温差电池等。

实用的化学电池可以分成两个基本类型：一次电池与二次电池。一次电池制成后即可以产生电流，但放电完毕即被废弃；二次电池又称为蓄电池（充电电池），使用前须先进行充电，充电后可放电使用，放电完毕后还可以反复充电再用。蓄电池充电时，电能转换成化学能；放电时，化学能转换成电能。蓄电池种类很多，如铅蓄电池（酸性）、铁镍蓄电池（碱性）、镍镉蓄电池、银锌蓄电池（碱性）、锂离子电池、聚合物锂电池、镍氢电池等。

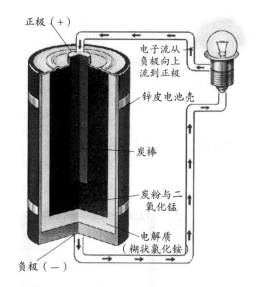

正极（+）

电子流从负极向上流到正极

锌皮电池壳

炭棒

炭粉与二氧化锰

电解质（糊状氯化铵）

负极（—）

电池中的化学反应使电子从负极流出，通过用电器，流回到正极。电池的作用就像一个电子泵，迫使电子在导体中流动。

伏打电堆　1792 年，意大利科学家 A. 伏打提出：电流是两种不同金属插在一定的溶液内并构成回路时产生的。基于这一思想，1799 年他制造了第一个能产生持续电流的化学电池。

在一对大小相同的银片、锌片中间，夹一张用盐水浸泡过的硬纸板，它们就构成了能产生电流的最简单的电池，不过电流是十分微弱的。为增大电流，伏打设想了"垒"的办法。他制成的装置为一系列按同样顺序叠起来的银片、盐水浸泡过的硬纸板、锌片组成的柱体，叫作"伏打电堆"。当导线连接两端的导体时，导线中产生了持续电流。

伏打电堆和伏打电池在此后的一段时间中成为产生电流的唯一手段，它们的发明和运用开拓了电学的研究领域。

蓄电池　汽车启动时需要高电压点火，还有车上的各种灯具，它们所用的电都来自车上装载的蓄电池。

几种蓄电池构成及性能

蓄电池名称	蓄电池的构成			电压/V		简要说明
	负极活性物质	电解质	正极活性物质	理论	实际	
铅酸	Pb	H_2SO_4 水	PbO	2.0	1.8~2.0	价廉、可靠、笨重、有污染
铁镍	Fe	KOH, 水	NiO·OH	1.4	1.2	价高、耐冲击、寿命长
镉镍	Cd	KOH, 水	NiO·OH	1.4	1.2	价高、耐冲击、寿命长、有污染
镉镍（烧结式）	Cd	KOH, 水	NiO·OH	1.4	1.2	适于大电流放电、有污染
锌银	Zn	KOH, 水	AgO	1.85	1.5	价贵、大电流放电
钠硫	Na（l）	$\beta-Al_2O_3$（s）300℃	S（l）	2.86	1.5~1.8	四者均为正在研制中的蓄电池
锂/硫化铁	Li（Al合金）	LiCl-KCl熔盐 400~500℃	FeS_2	1.77	1.4	
锌氯	Zn	$ZnCl_2$溶液, 50℃回流	$Cl_2·6H_2O$（s）t〈9.6℃	2.12		
锂/硫化铁	Li	有机溶剂电解质 100℃	TiD_2（夹层化合物）	1.87~2.5		

蓄电池种类很多，共同的特点是可以经历多次充电、放电循环，反复使用。汽车蓄电池可以随时放电、充电。当用电器开启时蓄电池放电，汽车在运行时又有发电机对蓄电池充电。这样反复进行，故我们很少看到司机专门给车上的蓄电池充电。

最常用的是铅蓄电池，它的极板是铅合金制成的格栅，电解液为稀硫酸，两极板均覆盖有硫酸铅。它的电动势约为2伏，优点是放电时电动势较稳定，缺点是笨重，对环境腐蚀性强。

燃料电池　燃料电池又称为连续电池，一般以天然燃料或其他可燃性物质如氢、甲醇、煤气等与空气中的氧或纯氧作为反应物质。燃料电池不像热电厂那样将燃烧产生的热能转变为机械能再带动发电机发电，而是直接将化学能转变为电能，所以具有能源利用效率高、可常温工作、环境污染小等优点。燃料电池在宇航工业中发挥了巨大作用。燃料电池的民用开发成为了一个热点，尤其是世界各大汽车公司都在竞相开发可供商业化应用的燃料动力电池汽

车。燃料电池的开发和应用具有非常好的前景。

发电　在现代社会里，人们的生活、生产都离不开电，人们所用的电，只有一小部分由电池提供，而绝大部分电是靠发电厂、发电站发电得到的。

发电就是用其他各种形式的能，如化学能、水能、风能、原子能、太阳能等，通过一定装置去推动发电机产生电能的过程。所以制造先进的发电机至关重要。现在世界上主要的发电方法是火力发电、水力发电、核能发电。有些地方已开始运用太阳能和海洋潮汐能发电。科学家们还在研究氢能发电、磁流体发电等新方法。

21世纪初中国的电力结构为：火力发电约占72%，水力发电约占18%，核能发电约占4%，风力发电约占5%。在西藏还可利用丰富的地热资源开发地热发电。

火力发电　从全世界范围来看，用得最多的发电方法就是火力发电。

火力发电是燃烧煤、石油等燃料把水变成蒸汽，再用蒸汽使汽轮机旋转，推动发电机发电。建造火力发电厂所需投资较少，花费时间较短，但建成后需要不断运送燃料，还存在热效率低、烟尘污染等问题，人们正在努力寻找解决的方法。

世界第一座火力发电厂于1875年在法国巴黎建成，中国第一座火力发电厂于1882年在上海建造。

从能量的转化来看，火力发电是将燃料的内能转化为电能的过程。

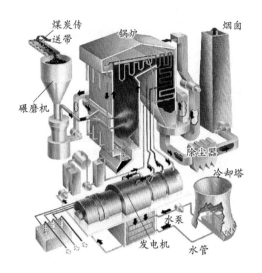

煤炭传送带　锅炉　烟囱　碾磨机　除尘器　冷却塔　水泵　发电机　水管

燃煤火力发电厂的发电流程

水力发电

水力发电是利用水力推动水轮机，水轮机再带动发电机来发电。水电站需要建造高大的堤坝蓄水，投资大，花费时间也长，但建成后可以长久使用，还可以解决防洪、灌溉等各种水利问题，而且没有污染。

世界第一座水力发电站于1878年在德国建成，中国第一座水力发电站于1912年建成。中国的许多江河上都已经建造水电站。其中，最大的是长江三峡水利枢纽。

从能量的转化来看，水力发电是将水的机械能转化为电能的过程。

核能发电

核能发电是用核反应堆将原子能先转变为热能，把水加热变成蒸汽推动发电机发电。在核反应中1个核子释放的能量是1个碳原子在燃烧过程中释放的能量的数十万倍。所以，核能发电消耗的燃料与火力发电相比非常少，而且没有烟尘污染，但必须建造可靠的保障装置防止放射性污染。

世界上第一座核电站是1954年在苏联建成的。中国已经建造了秦山核电站、大亚湾核电站。

从能量的转化来看，核能发电是将原子核能转化为电能的过程。

风力发电

风是一种永不枯竭的能源。地球上的风能大大超过水流的能量，也大于固体燃料和液体燃料能量的总和。

人们很早就制造出了帆和风车，通过帆可以将风力变为船的动力，通过风车可以将风力变为磨房所需动力。所以，通过风车也能将风力变为发电机的动力。

风力发电机

在能源紧缺的今天，风力发电受到了各国的重视。风力发电的设备要比火力发电、水力发电简单，但是风力的大小和连续性受自然条件限制。设备简单、无污染是风

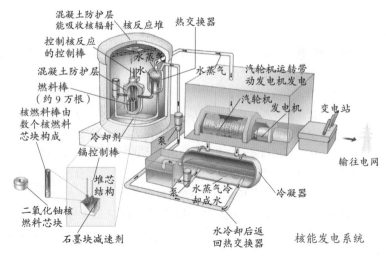

混凝土防护层能吸收核辐射　核反应堆　热交换器　控制核反应的控制棒　混凝土防护层　水蒸气　水　水蒸气　汽轮机运转带动发电机发电　燃料棒（约9万根）　核燃料棒由数个核燃料芯块构成　汽轮机　发电机　变电站　冷却剂　泵　镉控制棒　堆芯结构　二氧化铀核燃料芯块　石墨块减速剂　泵　水蒸气冷却成水　水冷却后返回热交换器　冷凝器　输往电网

核能发电系统

力发电的最大优点。在中国内蒙古自治区的大草原上，许多牧民家的蒙古包外边装有风力发电机。

地热发电　在地球内部，由于放射性元素在衰变时不断地放出大量热，所以形成了许多地下高温岩浆和热泉。我们称之为地热资源。中国的地热资源十分丰富，已经发现的天然温泉就有 2000 处以上，温度大多在 60℃以上，个别地方达 100～140℃。在西藏、云南等省区还发现了地热湿蒸汽田。利用地热能可以进行发电。

地热发电和火力发电的原理一样，都是将蒸汽的内能在汽轮机中转变为机械能，然后带动发电机发电。根据地热流体类型的不同，地热发电方式基本上可分为两大类，即地热蒸汽发电与地下热水发电。中国最为著名的地热电站是西藏羊八井地热电站。

发电机　自 M.法拉第根据电磁感应原理制作出第一台发电机后，在这台机器的基础上，随着科技的发展，人们已经研制出功能各异、功率不一、大小不同的发电机。火力发电、水力发电、核能发电、风力发电是用不同的动力转动发电机，源源不断地产生电流，再输送到四面八方供人们使用。

发电机主要由两个部分组成：转子和定子。定子就是固定不动的部分，由电磁铁构成，

发电机工作原理

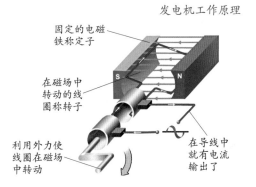

固定的电磁铁称定子

在磁场中转动的线圈称转子

利用外力使线圈在磁场中转动

在导线中就有电流输出了

用于产生磁场；转子可以转动，由线圈构成。转子与外边的动力机相连接。当人们用其他能源产生的力带动转子转动时，线圈就在磁场中切割磁力线，这样在线圈中就不断地产生出电流。实际使用的发电机常用电磁铁作转子，用线圈作定子，功能是一样的。

根据设计，发电机可以发出交流电，也可以发出直流电。

直流电和交流电　电流的方向不随时间而改变的电流叫直流电。可分为两种，一种是电流方向和电流强弱都不随时间变化的直流电，称为稳恒电流；另一种是电流的方向不随时间而改变，而电流的强弱可以随时间改变，而且每次变化的时间相同，称为脉动直流电，简称脉动电流。直流电可以由各种电池、直流发电机产生。直流电主要应用于各种电子仪器、电解、电镀、直流电力拖动等方面。

大小和方向都随时间作周期性变化的电流或电压叫交流电。交流电每次流动方向变化的时间间隔都是一样的。在电学上把每次变化的时间间隔叫周期，而把 1 秒内变化的次数叫频率。19 世纪 30 年代人们发现交流电。由于交流电可以利用变压器方便地改变电压，在传输中运用高压输电可以大大降低输电线路上的能量损失，所以得到广泛应用。中国使用的交流电的频率是 50 赫兹，有些国家使用的是 60 赫兹。交流电一般是由交流发电机提供的。

整流器　因为交流电便于传送，所以人们可以方便地使用交流电，但是许多用电器需要直流电，这时就要对交流电进行整流。整流就是将交流电变为直流电的过程。

将交流电变为直流电的装置叫整流器。从所用的主要器件分有二极管整流器、可控

硅整流器等。从整流的效果分有全波整流器、半波整流器等。

现代设备中小到电子表，大到吊车的电机，所需的功率大小不同，所以整流器的种类、规格繁多，在电子工业中已成为一个独立的生产行业。

高压输电线路 发电厂发出的电，并不是只供附近的人们使用，还要输送到很远的地方，满足更多的需要。这些电不能直接通过普通电线输送出去，而是要用高压输电线路传送。

人们发现，电流经过导线时的损失不仅与电线的导电能力有关，还和通过导线的电流有关。电流越大，损失越严重。从电功率与电流、电压的关系式 $P=IU$，人们认识到，升高电压减小电流，可以增加输送出去的电能。于是人们采取了用很高的电压输送电能的方法，这样既保证了有足够的电能输送出去，又不会有很大的电流通过导线，减少电能的损失。电压越高，能把越多的电能输送到更远的地方。所以，在远距离输电线路上，一般有很高的电压。

发电厂发出电以后，先要把电压大幅度提高后再经过高压输电线路输送。如果是交流电，要用变压器来提高电压；如果是直流电，需要用特殊的设备来提高电压。一般称220千伏及以下的输电电压叫高压输电，330千伏到765千伏的输电电压叫超高压输电，1000千伏及以上的输电电压叫特高压输电。高压输电线路可以是架在地面上的高大的铁塔和电线，也可以是埋在地面下的电缆，我们在经过高压输电线路时要特别注意安全。

当电输送到用电的地方后，还要经过降压才能使用。

变压器 人们在不同场合使用交流电，会需要不同的电压。如在输送电时，要升高电压

（最高能达到上千千伏）以减少损耗，在使用某些电器如小收音机时需要很低的电压（有的只有几伏），这时都需要变压器的帮助。

变压器是一种根据电磁感应定律变换交流电压、电流的装置，它可以根据人们的要求改变交流电的电压，在电的使用中发挥着巨大的作用。变压器是在19世纪出

高压输电线路中的超高压大型变压器

现的，1851年俄国人列姆勒夫发明感应线圈，这是变压器的雏形。到1883年，实用的变压器面世。今天人们已经能够根据需要制造出不同大小、形状、性能的变压器。

最常用的变压器是由闭合铁芯和绕组构成的。铁芯由硅钢片制成，绕组是由导线在铁芯上一圈一圈绕成的，可以有1个或几个绕组。绕组的两端就是变压器的输入和输出部分。根据变压器输入与输出电压的比较，变压器可分成升压变压器和降压变压器。使用时应当注意变压器对输入电压的要求。

人们在日常生活中也会用到变压器，例如，我们家庭所用的交流电一般是220伏，有些国外电器额定电压要求为110伏，这时就不能直接把电器插到插座上，而是要接入一个变压器，把电压降到110伏，否则会烧毁电器。变压器不能改变直流电的电压，如果不小心把变压器直接与直流电源（如电池）相连就会造成事故，一定要注意防止这种事故发生。

电灯 晚上无论学习、干家务，还是观看演出、在路上行走，都需要电灯的帮助。电灯

能把电能变成光，为人们驱走黑暗，是我们用得最多、最普遍的电器。

早在1809年，英国人H.戴维就发明了最早的电弧光灯。它是靠电池来供电的，很不实用。后来，有很多人努力研究想制造出更好的电灯，其中美国发明家T.A.爱迪生为造出实用的电灯做出了重要贡献。现在，已有许多种类的电灯供人们在各种场合使用，家庭中常用的是白炽灯和荧光灯。

1883年美国印第安纳波利斯城点燃了第一盏电弧光灯

人们还在研究效率更高的节能灯，它能把绝大部分电能都转换成光放出，可以大大减少耗电量，达到节能的目的。

进入21世纪，灯的家族中成员越来越多，街头上有多姿多彩的霓虹灯、剧场里有大出风头的追光灯、农田里有诱杀害虫的黑光灯……电灯不再仅仅是用于照明，它的用途更加广泛。

家庭安全用电　电给人们的生活带来方便，但使用不当就会发生事故，造成人身伤害和财产损失，因此必须认真注意用电安全。

通常电都送到各式各样的插座上，要用电时插上插头就行了。有的插座有两个插孔，分别接着两条线。一条叫"火线"，电流就从这条线传送过来；另一条叫"零线"，上面没有电，是让电流走的回路。还有的插座有3个插孔，上面除了接着火线和零线外，还接有一根地线，是起保护作用的。与不同插座配合有不同的插头，在使用时应当用相互对应的插头和插座。

只有把电器（如电视、电灯）分别与火线、零线相连，使电流从火线进入电器，再由零线流走，电器才能工作。此时，电路是接通的。如果在火线、零线或者电器内部有中断的地方，不能形成流动的电流，电器就不会工作。这时，电路是断开的，叫断路。如果把火线和零线直接连通，电流不经过用电器就称为短路。短路会引起严重的事故，如烧毁电器或引起火灾等，一定要尽量避免出现这种情况。

随着生活水平的提高，越来越多的电器走入家庭，对电的需要量也越来越大，进入各家各户的电流强度也越来越大。电流在电线和用电器中流过时会产生热量，当电线较细而电流较大时，产生的热量就可能烧坏电线，甚至引起火灾。当使用功率很大的电器，如空调、微波炉，或有很多电器同时使用时，人们就要注意线路是否能承受这样大的电流。

家庭电路中为了保证安全，都配有保险丝。保险丝是用熔点很低的金属制成的一段导线。它接在线路上，当由于短路或使用电器的功率太大时，电路中流过的很大电流产生的热量会使保险丝立即熔化，切断电路，以避免发生更大的事故。所以，当保险丝烧断造成停电时，应认真查找原因而绝不能用铜丝、铁丝代替保险丝。

为避免发生事故需要注意的事情还很多，如不要用湿手触摸开关和插座，如果没有经过专门学习不要随便拆卸电器和电路等。只要仔细小心，就可以避免发生事故，让电乖乖地为人们服务。

电动机　电除了可以用来照明、取暖以及直接为一些电器（如电视、电子计算机等）提供能量外，还有一个非常重要的用途，那就是通过电动机产生动力，推动各种机械运转。

特斯拉感应电动机的外形和现在的电动机有很大差别，但操作原理基本相同。

电动机是把电能转换成机械能的装置，又称为马达。它可以满足不同场合对动力的需要。电动机的使用、控制非常方便，工作时的噪声也很小，而且不像内燃机那样产生废气污染环境。由于这些优点，电动机在许多方面起着重要的作用，从家庭中的电风扇、洗衣机到工厂中的各种机床以及许多农业机械，都是用电动机提供动力。

电动机的构造和发电机有些相似，也有固定的定子和能转动的转子，但是原理却是相反的。电动机是利用电流通过磁场中的导体时能使导体运动的原理来把电能转变成转子的动能的。磁场可以由电动机内部的磁铁产生，也可以用导线绕成的线圈通电产生。电动机既可以使用直流电，也可以使用交流电，根据它们的工作特点还可以分成许多种类。不过，由于交流电的使用较普遍，使用交流电的电动机的应用也就更多些。

对某一个电动机来说，它只能提供有限的功率，带动一定的负载。如果负载太大，就可能使电动机受到损坏。比如，家庭使用的电风扇，如果轴承润滑不好或扇叶被什么东西缠住不能转动，就可能把电动机烧坏。

磁场 磁体之间不接触亦有吸引和排斥的作用，是因为存在着一种媒介物，这种特殊形态的物质叫磁场。

场这种物质不是由分子、原子组成的，人的感觉器官（视觉、触觉）不能感受到它，但它是一种客观存在。场是物理学中的重要概念。

电流、运动电荷、磁体或变化电场周围空间里都存在磁场，其基本特性是对场中电流、运动的带电粒子施加力，因此可以根据这一点来描述磁场。

描述磁场的基本物理量是磁感应强度B，它是一个矢量。磁场中某点的磁感应强度B的方向是放在该点小磁针北极的指向，它的大小可以用垂直于磁场方向（B的方向）放置的、通有1安培电流的1米长的导线所受到

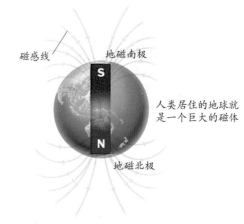

磁场

的力的大小表示。B的单位是特斯拉（T）。

也可以根据在某点运动电荷受到的磁场作用力——洛伦兹力公式$f=qv \times B$来确定磁感应强度B的大小和方向，其中q为电荷电量，v为电荷运动速度。

磁体 "吸铁石"不仅可以吸铁，而且会相互吸引或排斥。很早就有人注意到了这种现象，并把这种性质称为磁性。

具有磁性的物质叫磁体。一个从铁屑堆中取出的棍形永磁体，铁屑主要密集在棍的端部。如果永磁体更细一些，则被吸住的铁

屑更显得集中在两端，磁棍的这两个端部被称为"磁极"。

两个永磁体之间的相互作用也就是它们的磁极之间通过磁场的相互作用。用3个以上的永磁体做实验就可以证明：①每一个永磁体都有两个性质不同的磁极，通常利用永

铁屑堆中取出的棍形永磁体，铁屑密集在磁体的端部。

磁体指示南北方向，指向北的这一端被称为N极，指向南的这一端被称为S极。②同名磁极相斥，异名磁极相吸。

地球本身也是一个大磁体，地球两个磁极的中心分别位于地理的南、北两极（地球自转轴与地面的交点）的附近。在地理的北极附近地磁极是磁南极，而在地理的南极附近地磁极是磁北极。

磁体在很多地方都得到了利用，如各种开关、阀门等。现代化的磁悬浮列车是利用同性磁极相互排斥的原理使列车悬浮在轨道上，这种列车的速度可以达到每小时500千米。

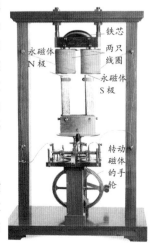

铁芯

永磁体N极

两只线圈

永磁体S极

转动磁体的手轮

永磁体　永磁体是人们最早发现和最早使用的磁体，它的磁性可以长久保持。

永磁发电机使用一个永磁体提供发电所需的磁场，由法国人皮克西在1832年发明。

构成永磁体的材料叫永磁材料，又叫硬磁材料，它们多含有铁、钴、镍成分。例如，铝镍钴系合金、钐钴系合金、锰铝系合金、铁铬钴系合金以及钡铁氧体、锶铁氧体等，都是常用的硬磁材料。

指南针　指南针是中国古代的伟大发明之一，在人类社会文明史上占有重要地位。春秋时期，我国已经有了铸铁技术，在开矿过程中人们发现，有一种天然矿石对铁矿石有吸引力，古代人就把这种矿石称为"慈石"，后来又写成"磁石"。古代人发现的磁石就是磁铁，用它可以制成指南针。

大约2000多年前，我国古代人利用磁铁制造了一种指示方向的工具，叫"司南"。司南就是指南的意思。司南的形状虽然与指南

司南

针不同，但指向原理是相同的。司南是用整块的天然磁铁琢磨成的，长柄端为S极。拨动长柄，使它转动，待停下来，它的长柄就指向南方。这是中国制造的最早的指南针。古代人去山中采玉，怕在荒山中迷路，就带上司南。人们发明司南以后，又继续不断地研究改进指南的工具，造出了指南针。指南针发明以前，在大海里航行是非常困难的。白茫茫的一片大海，天连水，水连天，很难找到什么目标，如果走错了方向，就会遇到危险。指南针发明后，这个问题

现代车载指南针

就得到了解决。据古书记载，最晚在宋代，我国已经在海船上应用指南针了。不过航海用的指南针是一个罗盘，盘的周围刻有东南西北等方位，指南针放在盘中间。使用时，只要把指针所指方向和盘上所刻的正南方位对准，就可以很方便地辨别航行方向了。

电磁感应　平时听说过许多电和磁连在一起的词汇，如电磁铁、电磁炉、电磁波、电磁场等，电与磁究竟是怎样的关系？

人们把由磁场与导体的相互作用而产生电的现象称为电磁感应。H.C.奥斯特在1820年发现电流的磁效应，揭示了电与磁联系

法拉第利用电磁感应原理制作的圆环线圈，和现在的变压器线圈很像。

的一个方面之后，不少物理学家探索磁是否也能产生电，并进行过不少的实验。1831年M.法拉第发现通电线圈在接通和断开的瞬间，能在邻近线圈中产生感应电流的现象。紧接着奥斯特做了一系列的实验，用来探明产生感应电流的条件和确定电磁感应的规律。法拉第又根据电磁感应的规律制作出了第一台发电机。

电磁感应现象的发现在理论上有重大意义，使人们对电和磁之间的联系有了更进一步的认识，从而激发人们去探索电和磁之间的普遍联系的理论。在实际应用方面有更为重要的意义，电力、电信等技术的发展就同这一发现有密切的关系。发电机、变压器等重要的电力设备都是直接应用电磁感应原理制成的。用这些电力设备建立的电力系统，能将各种能源（煤、石油、水力等）转换成电能并输送到需要的地方，极大地推动了人类社会生产力的发展。

感应电流　有电源未必形成电流，若要形成电流则还需要组成包含电源在内的回路。在电磁感应中也是这样。

发生电磁感应的那部分电路产生感应电动势，这部分电路就是电源。如果这部分之外的电路是闭合电路，就会有电流产生，这种电流称为感应电流。

感应电流的方向可以用楞次定律进行判定。楞次定律内容是：感应电流具有这样的方向，即感应电流的磁场总要阻碍引起感应电流的磁通量的变化。

如果是直导线切割磁感线，感应电流的方向可以用右手定则判定。右手定则是：右手平伸，磁感线穿过掌心，伸开大拇指指向导线运动方向，四指的方向为感应电流方向。

电磁铁　电磁铁是最常用的电子装置，日常生活中小到门铃、大到吊车，都要用到它。

电磁铁是利用电流的磁效应制成的磁铁。在铁芯上按一定方法缠绕上导线，就做成了电磁铁。当有直流电流通过导线线圈时，铁芯就有了磁性。电磁铁磁力的大小与铁芯的材料、线圈的圈数、线圈的直径、电流强度的大小有关；电磁铁的N、S极是根据电流的流向决定的，这样就可以方便地通过对电流的调节而对电磁铁进行控制。

人们利用电磁铁的这些特点，制造出了许多电力设备和装置，如电磁开关、继电器、电磁起重机、电铃、电磁打点计时器、最早期的电报机等。

电磁场　在电磁学中，一个科学家的伟大预言在他去世后才得到实验的证明，并成为人们承认的理论，这就是麦克斯韦电磁场理论。

电场和磁场都是物质，但是电磁场是电场和磁场的简单组合吗？不是。它俩有怎样的关系？怎样产生？

英国科学家J.C.麦克斯韦认为在变化的磁场周围产生电场，变化的电场周围产生磁场，变化的电场和变化的磁场总是相互联系的，形成一个不可分离的统一的场，这就是电磁场。电场和磁场只是这个统一的电磁场的两种具体表现。

电磁场由近及远的传播就形成电磁波。

电磁波　正像人们一直生活在空气中而眼睛却看不见空气一样，人们也看不见无处不在的电磁波，但它却为我们做了很多有益的工作。电磁波就是这样一位与人类素未谋面的"朋友"。

电磁波是电磁场的一种运动状态，简称为电波。电可以生成磁，磁也能带来电。1864年，英国科学家J.C.麦克斯韦在总结前人研究电磁现象的基础上，建立了完整的电磁波理论。他断定了电磁波的存在，并推导出电磁波与光具有同样的传播速度。1887年德国物理学家H.R.赫兹用实验证实了电磁波的存在。之后，人们又进行了许多实验，不仅证明光是一种电磁波，而且发现了更多形式的电磁波。

由于电磁波的存在以及无线电技术的飞跃发展，人类才能在遥远的他乡听到和看到亲人的音容笑貌；电报、广播、电视靠它传递；卫星靠它控制、导航等。看不见的电波，使得人类社会的发展日新月异。

电磁污染　影响人类生活环境的电磁污染源可分为天然和人为的两类。

天然的电磁污染是某些自然现象引起的。常见的雷电除了可能对电气设备、飞机、建筑物等直接造成危害外，而且会在广大地区从几千赫到几百兆赫以上的极宽频率范围内产生严重电磁干扰。另外，火山喷发、地震、太阳黑子活动引起磁暴等，都会产生电磁干扰。天然的电磁污染对短波通信的干扰特别严重。

人为的电磁污染主要有：①脉冲放电。例如，切断大电流电路时产生的火花放电，本质上与雷电相同。②工频交变电磁场。例如，在大功率电机、变压器以及输电线等附近形成的电磁场，对近场区产生严重的电磁干扰。③射频电磁辐射。例如，无线电广播、电视、微波通信等各种射频设备和辐射，频率范围宽广、影响区域大，对近场区的工作人员造成危害。目前射频电磁辐射已经成为电磁污染环境的主要因素。

雷达　飞机在天空中飞行，在机场上起落，都需要一位高超的"领航员"——雷达。雷

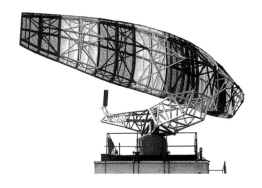

雷达天线能同时发射与接收信号。雷达在运行中不断改变无线电波的发射方向，进行搜索。雷达网的直径越大，雷达的方向性越精确。

达是运用各种无线电定位方法，探测、识别各种目标，测定目标坐标和其他情报的装置。雷达是英文RADAR（Radio Detecting And Ranging）的译音，意为"无线电检测和测距"。

雷达由天线系统、发射装置、接收装置、防干扰设备、显示器、信号处理器、电源等

组成。其中，天线是雷达实现大空域、多功能、多目标的技术关键之一，信号处理器是雷达具有多功能能力的核心组件之一。

雷达种类很多，可按多种方法分类：①按定位方法可分为有源雷达、半有源雷达和无源雷达。②按装设地点可分为地面雷达、舰载雷达、航空雷达、卫星雷达等。③按辐射种类可分为脉冲雷达和连续波雷达。④按工作波段可分为米波雷达、分米波雷达、厘米波雷达和其他波段雷达。⑤按用途可分为目标探测雷达、侦察雷达、武器控制雷达、飞行保障雷达、气象雷达、导航雷达等。

无线电通信

希腊哲学家柏拉图曾以讲坛上演讲者的声音扩散范围来定义一座城市的大小。今天，由于发达的无线电通信技术，整个地球无疑都将被视为一座大城。

无线电通信是利用无线电波在空间的传播来传递声音、文字、图像和其他信息的，它是通信系统中重要的通信方式。无线电通信系统由发射部分和接收部分组成。发射部分包括发射机和发射天线，接收部分包括接收机和接收天线。利用无线电通信可以开通电报、电话、传真、广播、电视等传播业务。

无线电通信与有线通信相比，不需要架设线路和铺设电缆，因而经济、灵活，但其保密性和可靠性稍差。根据无线电的波段以及传播方式，无线电通信可以分成许多种，如中、长波通信和短波通信，超短波通信，微波中继通信和卫星通信等。

短波通信

在遥远的南极，中国科考队员可以通过短波通信收听到中央人民广播电台的节目。

短波通信适合于建立边远和复杂地形地区的通信联系。短波传播的距离很远，主要途径是靠高空电离层的反射，因此短波无线电波又称"天波"。短波通信传播的信息是电话和电报，以及短波广播。

微波中继通信

微波通信是利用无线电波在视距范围内进行信息传输的一种通信方式。微波是指频率高于300兆赫的无线电波。它在大气层中做直线运动，只能在看得见的地面上两点传播，因此通信距离受到限制。为了解决这个问题，人们从古代驿站通信的方式中得到启示，每隔50千米左右，建立中继站接收和转发，以实现远距离通信。所以，长距离的微波通信又叫微波中继通信或微波接力通信。微波的波段宽广，能提供很大容量的多路通信，传送多路彩色电视节目。

卫星通信

利用卫星传输信息是现代通信的特色，它实际上也是一种微波中继通信，但它的中继站是在卫星上。先把通信卫星发射到赤道上空，并且使卫星的转动与地球同步。通信信号发射到卫星上后，经过处理被转发出去。一颗卫星上能看到地球表面1/3的范围，因此只要在赤道上空均匀布有3颗卫星，就可以实现全球范围的通信。卫星通信传输容量大，通信距离远，通信质量好。中国中央电视台和一些省市电视台的电视节目都通过卫星来传播。

电话

1875年美国人A.G.贝尔在波士顿大学研究多路电报的时候，发现了利用电磁现象传送声音的可能性，终于在1876年发明了电话。

贝尔向维多利亚女王演示的电话机

英国电话公司的地面发射站

打电话离不开电话机。电话机是实现电话通信的用户设备，由送话器、受话器和发送、接收信号的部件等组成。发话时，由送话器把话音转变成电信号，沿线路发送到对方；受话时，由受话器把接收到的电信号还原成话音。

电话通信一般分为磁石式、共电式和自动式三类。磁石式电话机用磁石手摇发电机作振铃信号源并配有通话电源。它对线路和交换设备的要求低，通话的距离较远，机动灵活，使用方便，可不经过交换机直接通话。因此它适用于野战条件下和无交流电地区的电话通信。共电式电话，由交换设备集中供给通话和振铃信号电源。电话机结构简单、使用方便，用户间通话由人工转接。自动式电话是在共电式电话基础上，对电话机加装拨号或按键盘等部件，通过拨号或按键发送选号信息，控制交换机进行自动接续，使用简便，不需人工转接，但自动交换设备较复杂。另外，由于电子技术的发展，出现了一些新功能的电话，如录音电话、书写电话、可视电话、智能电话等。

可视电话　电话机上有一个小屏幕，在通话时可以看到对方的形象，这就是可视电话。

可视电话是点对点的视频通信，能完成彩色活动图像及语言双向实时传输，在通话时，双方可以看到对方的影像。它由可视电话机、传输线路和可视电话交换机组成。20世纪90年代以后，随着计算机和芯片技术的进步，图像、语音压缩编码技术的快速发展，可视电话也相应得到发展。如开放可视会议电话，作为数据终端显示，传送文件图表，实行远距离监视等。现已被智能手机所取代。

程控电话　程控电话是由程控交换机控制的电话。程控交换机利用电子计算机来控制交换机，以预先编好的程序来控制交换机的接续动作。程控电话比旧的电话增加了很多功能，它能进行缩位拨号、呼叫等待、三方通话、转移呼叫等服务。它与一般的电话比，具有接续速度快、交换效率高、声音清晰等优点。

移动电话　移动电话主要指我们平时说的"手机"，是区别于有线电话而言的。它是20年前开始兴起的一种方便快捷的通信工具，可以随身携带，在信号可达的地方都可以使用。现在还可以实现全球通话。

手机已经成为人们日常生活中的必备通信工具

移动电话一般采用 800～1000MHz 的微波频段进行通信，一般功率在 0.6 瓦左右，但有的可达 2 瓦，甚至 2 瓦以上。

语音信箱　语音信箱是计算机技术与电话技术结合形成的新型通信方式。声音通过计算机的语音处理转化成数字信息，这些数字信息储存在通信设备中指定的具有可拨打号码的空间。它可以完成这样的服务功能：在被叫移动用户占线、关机或不在覆盖区等情况下，呼叫能自动转移到语音信箱，主叫用户可在信箱内留言。当被叫移动用户不占线或开机时，将会收到提示，信箱中已有留言，被叫用户可以从语音信箱中调出留言听到语音信息。

短信　新春佳节到来时，亲戚朋友间常用手机发"短信"，相互拜年。

短信是指智能移动电话的一种服务功能——短消息业务（SMS）功能。具有这种功能的移动电话除了能打电话外，在它的小型屏幕上还可以显示数字、字母、中文汉字或其他文字信息，用来接收（发送）数字或文字的短消息。

IC 卡电话　无人管理的电话在城市中到处可见，只需要插入一个小卡片，即可打电话。这叫 IC 电话。

1976 年法国布尔（BULL）公司首先制造出 IC 卡产品，它是微电子技术和计算机技术结合在一起的产品。IC 卡芯片具有写入数据和存储数据的能力，卡中存储器里的内容根据需要可以有条件地供外部读取，供内部信息处理和判定之用。IC 卡公用电话是利用集成电路（IC）卡作为识别卡完成通话和收费的公用电话，由 IC 卡电话机、IC 卡两部分组成。只有将 IC 卡插入 IC 卡电话机，才能进行通话。插入有效 IC 卡可拨打本地电话、国内长途、国际长途，并自动计费。现在这项技术已应用到金融、交通、医疗、身份证明等多个行业，提高了人们生活和工作的现代化程度。

对讲机　公安干警在执行任务时，除需要携带警械外，还要带上一件重要物品——对讲机。

对讲机是一种近距离通信工具，但却不能随意与哪一个人通话，而只能与另外一部对讲机"对讲"。对讲机上有一根拉杆式天线，只要双方预先调谐于同一个工作频率，就可

浙江省金华四中无线电夏令营营员们在进行无线电通信实验活动

以随时随地与对方直接联系。大部分对讲机通信方式为"单工"方式，即发话和送话要用开关转换，"讲话"的时候不能"听话"，"听话"的时候不能"讲话"。

对讲机的体积小、重量轻、携带方便，所以还常用于流动性强的生产活动中，以便人们能够及时联系。对讲机还广泛应用于港口码头的货物调度，工矿企业的生产调度，汽车、船只的运输调度，工程施工通信联络等。

传真机　传真机是一种现代化的通信设备终端。它可以接收和发送文字、照片和图像，是电话机、复印机、打印机、计算机等功能的组合体，已经成为办公必需品。传真机具有收发两用的功能。它通过光学扫描系统，将传送文稿有光区和无光区上的信息变换成数字信号，然后

多功能传真机

再转变为音频信号，由发射端发送给另一个传真机。另一个传真机的接收端收到音频信

号后，再将音频转换成数字信号，通过热敏感光装置把接收的信息打印出来。现代传真机的功能越来越多，它能自动拨号、自动收发文件、进行会议安排预约、自动应答等。

在计算机的空槽内插入一块 fax（传真）卡，也能起到传真的作用。世界在不断地发展和变化，相信不用很久，报纸、书刊将会通过传真送到你的手中。

无线电广播　广播与电视是人们了解外界、增加知识的一个重要窗口，尤其在邮路不便和无法收看电视的边远地区，广播就是最好的"信息"源了。

军用电台

无线电广播是利用无线电波向广大听众播送声音节目的通信过程，属于无线电通信范畴。1906 年，美国人 R. 费森登在实验室里做了有史以来的第一次无线电广播。发展至今，广播已具有调频、调幅、立体声广播、数字音频广播等多种制式。广播电台制作的节目都是声音信号，声音是无

北京中央人民广播电台大楼

法传得很远的。要想把声音传播到很远的地方，就要把声音信号变成电信号即音频信号，再把音频信号加到高频电磁波上发送出去。把音频信号加载到高频电磁波上的过程叫调制。根据调制方法的不同，有调频广播和调幅广播。

未调制的高频电磁波叫载波，音频信号必须与载波结合起来，才能传送到远方。人们收听广播电台的广播节目时，就是接收载有音频信号的电磁波。

世界各国广播频段频率范围的划分不全一致，中国无线电广播常用的波段是：中波广播，波段为 526.5kHz ～ 1606.5kHz，主要用于国内广播；短波广播，波段 2.3MHz ～ 26.1MHz，主要用于国际广播；超短波广播，波段为 87MHz ～ 180MHz，用于高质量的调频广播。

数字音频广播（英文缩写 DAB）是继调幅、调频广播之后的第三代广播。与现行广播相比，这种广播的全过程都是在进行数字信号处理，不会影响节目的质量，因此是一种对一般听众而言能够达到激光唱片（CD）质量的广播形式。数字音频广播可在一个频道中播出多套节目，同时在它提供的数字业务通道上还可以看到交通信息、电子报纸、杂志，以及其他文字信息。

调幅和调频　在收听广播的时候，我们看到收音机上一般都有 FM 和 AM 两种广播形式，只有先选择正确的波段，再调到合适的频率才能清楚地收听电台的节目。这里的 FM 和 AM 分别叫作调频广播和调幅广播。

由于人们说话的声音无法直接传播很远的距离，要想把声音信号传到远方，先要把声音信号转换成电信号，再把电信号加到无线电波上后，才能传到远处。把电信号加到无线电波上的过程称作调制，调频和调幅就是两种调制

方式。用调频的方式传输信号叫调频广播，用调幅的方式传输信号叫调幅广播。

调频广播一般使用频率很高的波，它不容易受干扰，能清晰地还原声音，还可以立体声传输，但调频广播的传输距离短，所以一般城市的电台都使用调频广播。调幅广播可以使用长波（LW）、中波（MW）、短波（SW）等各种波段的波，它的传输距离比调频广播远，但声音信号比调频广播差。有些城市的电台也使用中波传输，这样在国内别的地方也能接收到广播信号。短波的传输距离更远，用短波能收听到国外一些电台的节目。

收音机　收音机在每一个家庭中都已是最普通和常用的电器了。人们用它可以收听新闻、学习外语、欣赏音乐等。

电子管收音机

收音机是声音广播系统的接收设备，属于无线电接收机的一种。它由接收天线、调谐电路、高频放大电路、检波电路及电源电

三波段集成电路收音机

路等部分组成。由天线接收的广播电台信号在调谐电路里进行选台，经高频放大器直接放大后，再经检波器取出音频信号（即解调），送到音频放大器放大，最后经过电声转换推动扬声器放声。

收音机可以从不同的角度来分类。按接收的广播制式，可分为调幅收音机、调频收音机等；按接收的波段，可分为中波收音机、短波收音机、全波段收音机等；按体积的大小，可分为台式收音机、便携式收音机、微型收音机等。另外，还有很多其他分类方法。现在除便携式收音机一般只具有收音功能外，常见的收音机多是与录音机等的组合形式。

随着广播技术的发展，收音机也在不断更新换代。自 1919 年开发了无线电广播以来，收音机经历了电子管收音机、晶体管收音机、集成电路收音机的三代变化，功能日趋增多，质量日益提高。20 世纪 80 年代开始，收音机又朝着电路集成化、显示数字化、声音立体化、功能电脑化、结构小型化等方向发展。

电视　在中国古代民间流传着"顺风耳""千里眼"的神话故事，今天人们的美好幻想变成了现实。电视把世界每个角落的动态，迅速而生动地展现在人们的面前。

电视是用无线电电子学的原理，远距离传送活动图像的技术。在发射端，用电视摄像机把景物、图像分解为很小的像素单元，然后再将一个个的像素变换为电信号通过无线电波（或有线线路）传送到远方；接收端的接收装置也就是电视接收机将电信号还原为像素，最后再将许许多多的像素重新组合成为图像显示出来。

1884 年，德国科学家 P.G. 尼普科夫发明螺盘旋转扫描器，用光电池把图像的序列光点转变为电脉冲，实现了最原始的电视传输

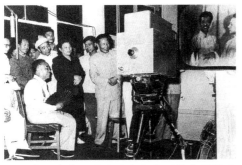

1958年，朱德、康克清夫妇在观看电视节目试播。右上角画面为电视图像。

和显示。1925年和1926年美国人C.F.詹金斯和英国人约翰·贝尔德相继实现影像粗糙的机械扫描电视系统。1937年在英国、1939年在美国开始了黑白电视广播。1954年美国的彩色电视正式广播。中国在1958年开始黑白电视广播。近几十年来，电视事业以空前的速度向前发展，越来越先进的电视技术将人们引入五彩绚丽的世界之中。

按照所传图像性质，电视可分为黑白电视、彩色电视和立体电视。立体电视是20世纪80年代出现的。它的原理与立体电影一样，利用观众的两眼视差，将观众引入图像的立体空间中。观众只要戴上一副双色眼镜，就可以收看电视节目。现在科学家又研制出用人眼直接观看的立体电视，不用戴特制的眼镜就能从画面上体验身临其境的感受。按照接收方式，电视又分为有线电视、图文电视、数字电视。

另外，造型精致、大小不一的各种电视机也发展很快，不断出新，如厚度仅6厘米的悬挂式电视机，成为客厅里的装饰品；还有小巧轻便的液晶彩色电视机、眼镜电视机、手表电视机等。

有线电视 20世纪60年代后，许多工业发达国家兴起有线电视。它是相对开路电视的接收方式而发展出的接收方式。

有线电视通过电缆、光缆来传送电视信号，不仅能够克服电视在空间传播时的干扰，还有与观众"双向沟通"的优点，因而又称交互电视。尤其是这种电缆电视网与计算机、电话连接起来后，就构成了完整的"闭路电视系统"。观众可以不受电视台播送节目的限制，任意选择电视节目，频道可达上百个。

图文电视 电视台利用电视网，将文字和静止图形构成的信息以数字信号的形式叠加在电视信号中传送，也可以通过计算机中的图文电视接收卡来接收、显示、储存、打印，这就是图文电视技术，又称电视多路广播。它使观众既能够连贯地观看节目，又可以读到人们关心的"文字广播"。图文电视的用户如要在普通电视机上收看图文电视节目，需要加装译码器和键盘。有人称图文电视是屏幕代替纸张的"电子杂志"，中国在20世纪90年代初也开办了这种业务。

数字电视 数字电视是指电视信号在处理、传输、发射和接收过程中，全部使用数字技术的电视系统或电视设备。它的最大特点是，电视信号不是模拟信号而是数字信号。电视节目的传输过程是：由电视台发出的图像及声音信号，经数字压缩和数字调制后，形成数字电视信号，再经过卫星、地面无线广播或有线电缆等传送到用户端，用户由数字电视机接收后，通过数字解调和数字视音频解码处理，还原出原来的图像及伴音。因为全过程均采用数字技术处理，因此信号损失小，接收效果好。

在数字电视中，由于采用了双向信息传输技术，增加了交互能力，所以赋予了电视许多全新的功能。数字电视提供的最重要的服务就是视频点播。它不像传统电视那样，用户只能被动地收看电视台播放的节目，而是为用户提供了更大的自由度，更多的选择权，更强的交互能力，有效地提高了节目的参与性、互动性、针对性。数字电视还提供其他服务，包括数据传送、图文广播、上网服务等。用户能够使用电视进行股票交易、信息查询、网上冲浪等。

收看数字电视节目需要数字电视机，但现在大多数家庭使用的都是模拟电视机，不能直接收看数字电视。不过没关系，可以在模拟电视机上加装一个数字机顶盒，就解决问题了。

与模拟电视相比，数字电视具有明显的优点：收视效果好，图像清晰度高，音频质量高；抗干扰能力强，不易受外界的干扰，避免了串台、串音、噪声等影响；传输效率高，利用有线电视网中的模拟频道可以传送8～10套标准清晰度数字电视节目。

显像管　接收和观看电视节目，要用电视机。现在电视机也成了家庭中的一种重要家用电器。电视机的一个重要组成部分是显像管，它里边装有能发射红、绿、蓝色电子束

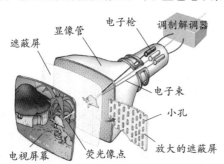

电子枪　调制解调器
显像管
遮蔽屏
电子束
小孔
放大的遮蔽屏
电视屏幕　荧光像点

的3支电子枪。电子枪发射出电子束，将接收到的图像信号扫描在电视屏幕上。为了保证各电子束产生正常的颜色，电子束要通过遮蔽屏上的小孔射向屏幕。电子束和小孔的角度是专门设计的，这样电子束射到屏幕上能产生正常颜色的荧光像点。屏幕受到电子束轰击时，相应发出红、绿、蓝光的荧光像点，就形成了彩色电视图像。

屏幕上每秒钟可形成25幅或30幅画面，所以屏幕上的图像就像电影一样活动起来。

电视声音的传递和接收，与无线电收音机基本相同。

立体声音响　立体声音响是一种多声道的音响系统，通过几个分开的声道来传送、记录和重放不同的声音信号。用立体声音响听音乐时，能够分辨出声音的方向、强弱程度和先后次序。它能反映各个空间位置处的声源，使人听到各方向声源的发音，富有立体感。

听声音时能够感受到立体效果与人们的两只耳朵有关。声音首先传送到离声源较近的耳朵，然后再传送到另一只耳朵，使得两只耳朵对声音的感觉出现差别。

被称为"音乐发烧友"的音乐爱好者，已不再满足于仅仅将声音立体化了，而是进一步追求声音的最完美表现。享有"家庭音乐中心"美称的组合音响使他们如愿以偿。组合音响是集收音、录放音、唱片放音等多种功能为一体的高保真音响系统。这种组合音响有电子混响放大器，可以得到模拟混响或回声的效果，使空间感加强；还有环绕立体声放大器，可使人们享受到声音的环绕感和扩展感。

家庭影院　在自己家中建立一套完善的家庭影视中心，将过去只能在影剧院享受到的音频效果，完美逼真地搬到家庭中。它是数字技术和模拟音频技术完美结合的产物。

家庭影院包括多磁头高保真录像机（VTR）、专用功放、大屏幕彩电（或液晶投影电视）、立体声音响、中置音响和环绕音响等。粗略地可分为音频和视频两大部分：其中激光影碟机（LD）、小型数字影碟机（DVD）、多磁头高保真录像机可任选一种，它们和大

屏幕彩电都属于视频部分，决定播放画面的画质清晰度、色彩和色纯度，是家庭影院的关键。其他部分则属于音频部分，它们能够高度返真声场的效果，获得美妙如诗、动态如潮的极好

图为影碟机的激光解码读取器，当激光照在旋转影碟上的小坑时，使其形成闪烁不定的复杂图案，然后进入光感应器，进行读取并将之转化成电信号，由解码器产生视听信号。

声场。家庭影院音响的摆放，必须按照一定的方式布置。因为无论多好的音响都是要按照理想房间中能够得到最佳音质的要求设计和制作的。对于不同的客厅和卧室，需要精心地设计才能得到低音重放和立体声效果。

摄像机　摄像机是把景物的图像和现场声音转换为电信号并且记录在磁带上的设备。摄像机分为黑白摄像机和彩色摄像机。

以往的摄像机、录像机分装为两体，携带和操作很不方便。数码摄像机又称DV，集摄像、录像功能为一身，给拍摄者带来了极大的方便。它采用了大规模集成电路技术、超精密加工技术、高密度磁记录技术、现代光学技术、现代装配技术等，是集机械、光学、电子学等高新技术于一体的产品。

数码摄像机功能都比较齐全，如变焦、微距、自动功能、数据显示、图像搜索和编辑，以及放像功能。所有的摄录一体机都具有变焦功能，可以手动或电动改变焦距。磁带的记录方式可以是标准速度，也可以是低速。它可以对焦距、光圈、电子快门等进行自动操作。数据显示功能能够显示机器的工作状态、指示故障等。

数码摄像机轻便灵活、易于携带，操作起来也很简单，即使从来没有使用过的人，也能很容易学会使用。

DVD　即 Digital Versatile Disk，是继CD之后的又一种信息存储格式。一般的DVD盘片的存储量为同样大小CD的7倍左右。而且DVD影碟使用杜比环回立体声系统等方式，使其在播放时间、画面质量和音效上均优于CD、VCD等。

1998年全球第一批DVD-ROM正式在一些高阶电脑上应用直至现在，大部分人对DVD的印象仍停留在高质素影片及玩乐的阶段。事实上，DVD的发展空间并非那么小。相反，以它的技术和惊人的资料储存量，极具潜力取代现在所有的电脑储存媒体，成为下一代储存新标准。

MP3播放器　与磁带和CD不同，MP3可以根据个人的意愿安排音乐的播放顺序，既迅速又轻松！这就好像拥有一台数字式音乐点唱机。

MP3播放器是一种音频压缩技术产品，全称为MPEG Audio Player 3。因为人耳只能听到一定频段内的声音，而其他更高或更低频率的声音对人耳是没有用处的，所以MP3技术就把这部分声音去掉了，从而使得文件体积大为缩小，但在人耳听起来，却并没有什么失真。MP3可以将声音用1:10甚至1:12的压缩率进行压缩，一般来说1张光碟容量为650兆，作为CD它能容纳的不过是60～90分钟的音乐（15首左右的歌曲），1首5分钟的歌曲要占用50兆左右的空间，而1首5分钟的MP3歌曲只有4兆～5兆，1张光碟能放上100多首MP3歌曲。

MP3文件被压缩得如此之小，以至于不仅可以轻松地存储，而且还可以通过电子邮件和互联网来传送。

MP4 播放器 MP4 播放器是一个能够播放 MPEG-4 文件的设备，它可以叫作 PVP（Personal Video Player，个人视频播放器），也可以叫作 PMP（Portable Media Player，便携式媒体播放器）。现在对 MP4 播放器的功能没有具体界定，虽然不少厂商都将它定义为多媒体影音播放器，但除了听看电影的基本功能外，有些 MP4 产品还支持集视频播放、视频录制、视频输出、音频播放、音频录制、数码相机伴侣、移动硬盘、图片浏览、商务互联网等功能。现在已被智能手机所取代。

声 我们生活的环境中，充满着各种各样的声音，如虫鸣鸟叫声、风雨声、汽车喇叭声和人们的说话、唱歌声等。声是一种机械波，叫声波，是由物体振动产生的，具有机械能。固体、液体、气体均可以发生振动形成声波。但声波还不是声音，声波进入耳朵后，迫使耳膜振动，把声波传递给听觉神经，大脑的听觉神经形成的听觉才是声音。

世界上各种物体所发出的声音，人有的能听得到，有的则听不到。对人类来说，只有频率在20Hz～20000Hz的声波才能被听见，这一段声波叫可闻声波。低于 20Hz 的声波叫次声波，地震、台风、核爆炸等都能产生次声波。高于 20000Hz 的声波叫超声波。有些动物可以发射和听见超声波，如海豚、蝙蝠等。

声波要通过一定的物质（如空气）才能传播出去，能够传播声波的物质叫作介质。我们能听到各种声音，是因为我们的周围有大气作为介质传播声波，声音在真空中就不能传播。在不同的介质中，声波传播的速度是不同的。大气是我们身边最重要的传声介质，声波在大气中的传播速度大约是 340 米 / 秒。

当声波在传播过程中碰到障碍物时会被反射回来，我们听到的回声就是这样形成的。在门窗关闭的室内谈话，听起来比在旷野里声音大，也是这个道理。

声的产生、传播、接收、作用、影响和应用，与我们的生活生产密切相关。研究这些问题的一门学科叫声学，它是物理学的一个重要分支。

声源 饮水思源，声音也有声源。

一切正在发声的物体都在振动，这些正在发声的物体叫作声源。

声源可以是固体、液体和气体。例如，拉琴时琴弦的振动发声，水滴落入容器中发出的"叮咚"声，口吹一端封闭的细管引起管内空气的振动发声。发声物体的振动，可以用眼观察或用手触摸加以体会。如电铃响时，在听到声音的同时会看到铃壳在不停地振动。

声速 观看远处园林工人用斧头砍去树木枯枝时，先看到斧头撞击枯枝的动作，后听到撞击的声响，这是由于声波比光在空气中传播的速度要小得多。

声波在介质（传播声波的物质）中单位时间里传播的距离就是声速，也称音速。介质可以是固体、液体和气体。

声波在不同介质中的传播速度一般不同。声波在海水中的传播速度为 1450 米 / 秒，在钢铁中的传播速度能达到 4900 米 / 秒。所以，有时我们想知道火车是不是过来了，趴在铁轨上听要比站在大气中先听到。声速还与温度有关，如空气中的声速，15℃时是 340 米 / 秒，30℃时是 349 米 / 秒。

响度 同一声音，人在近处听到的声音较强，在远处听到的声音较弱，这一现象反映出声音的基本要素之一——响度。

人耳主观上感觉到的声音强弱（声音的响亮强度）叫作响度，即音量。

响度与客观上的声强（每秒钟垂直于声音传播方向的单位面积上的能量）有关，也与声源的振动幅度和距离声源的远近有关。响度往往因人而异，人耳能听到的最低声强跟频率有关，所以频率不同而声强相同的声音，其响度可能不同。

次声波　低于20Hz的声波叫作次声波，或称为亚声波。地震、台风、核爆炸、火箭起飞等都能产生次声波。建立次声波接收站，可以探测到火箭发射和核试验，还能探测海啸、地震、台风等。次声波有时也给人带来意想不到的灾难。1986年4月，法国国防部次声研究所在进行次声波实验时，因无良好的防护，使处于16千米外的一家20口人突然丧生。这是由于次声波频率与人体主要器官的固有频率十分接近，发生共振造成的。

超声波　蝙蝠的视觉很不发达，几乎是"瞎子"，但靠接收自己发出的超声波的反射波，来探测和定位目标而自由飞翔。

蝙蝠靠超声波来探测和定位自己的飞翔目标

　　频率高于20000Hz的声波叫作超声波。超声波的频率很高，具有较大的能量，可用于"粉碎"溴化银制成优质照相乳胶。超声波的穿透能力很强，具有较好的定向性，可制成超声波探测仪，用于探测金属内部裂纹缺陷，还可用于医学的"B超"检查等。

录音　录音也叫作录声，是将声音通过传声器、放大器转换为电信号，用不同的材料和工艺记录下来的过程。

　　现行的录音方法分为3类：①唱片录音。又称机械录音，是将声音变成机械振动，然后在转动着的圆形塑质片上刻上与声音对应的槽纹。②磁性录音。将声音变为强弱不同的感应磁场，在感应磁场中移动着的磁性材料（磁带或存储器）被磁化记录下声音。③光学录音。将声音变为光束的强弱或宽窄变化，再用照相感光的方法在移动着的胶片上记录下来，或在转动着的光盘上用光刻制下来。供记录声音的电声机械是录音机。电影录音是根据影片内容和艺术要求，通过上述录音方法将所要表现的各种声音记录下来。可以进行先期录音、同期录音或后期录音。

回声　旅游时到大山里，对着大山呼喊，会听到高山的"回话"，这就是回声。

　　当声波在传播过程中遇到障碍物时，会被反射回来，反射回来的声波传入人耳，就形成了回声。

　　人听到回声是有条件的。这个条件是：听到原声和听到回声的时间差在0.1秒以上。若原声和回声的时间差不到0.1秒，则回声和原声混在一起，人听到声音的时间就延长了，使人感觉声音"加大"了。如果常温下声音传播速度取340米/秒，则障碍物到观测人的距离为17米以上时，才能听到回声。有些场合，如播音室、图书馆、会议室等，需要除去回声保持安静，就得使用削弱反向声波的吸音材料，如软的和多孔的材料（像地毯等）。还有些地方，如剧场和电影院等，需要加强回声并避免形成声音焦点，使回响时间（声音加强的时间）合理，就要把墙壁等做得不光滑，合理布置座椅等，使声音均匀地反射到全场。

回声定位　海豚在混浊的水中发射超声波，可以准确地确定远处小鱼的方位和距离，这是因为海豚有一套完善的回声定位系统。

　　回声定位是利用回声来确定障碍物的方

位和距离。例如已知声速 v 回声的滞后时间（原声与回声的时间差）t，则在此方向上障碍物与声源的距离 $s = \frac{1}{2}vt$。

自然界中，蝙蝠、海豚等就是采用回声定位的方法避开障碍物、捕捉食物或相互联系。

根据声波的特性而制造的声呐以及各种仪器，可以帮助我们探测海中的鱼群、礁石、沉船、潜艇，测量海洋的深度，这就是回声探测法。

回声探测法除用于渔业、打捞、军事，还可以用于导航、石油开发等，特别是对海洋开发具有十分重要的作用。

声呐　水中的目标无法用无线电波进行探测，而能在水中远程传播的波是声波，因此可以用它来探测目标。

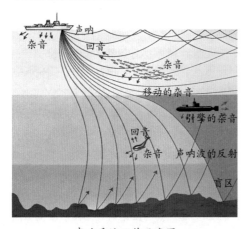

声呐系统工作示意图

声呐是利用声波对水下物体进行探测和定位识别的方法及所用设备的总称。声呐是英文 SONAR 的音译。SONAR 一词由 Sound Navigation And Ranging 的字头组成，原义是"声音导航和测距"。

声呐可分为主动式和被动式两种，主动式声呐指能辐射声波并能接收其反射波的仪器，被动式声呐指仅能接收声波的仪器。目前，声呐技术已广泛运用在舰艇和水下作业中。

双耳效应　人长着两只耳朵，而且对称地分布在头的左、右两侧。

很多听觉效果取决于两只耳朵。例如声源定位，主要是根据两耳听到的声音的时间差和强度差来实现。由于头部、耳郭、外耳道的共振、反射作用，使听到的声音频谱受到调制。例如来自右边的声音，必先到达右耳，强度也比左耳收到的强，经大脑的辨析，指挥头部转动，从而可确定声音传来的方向及声源位置。运用双耳来达到听觉的某些效果就是"双耳效应"。

分贝　引起听觉的声音强弱随频率的不同而不同。表示声音强弱级别（音量大小）的单位是分贝，分贝（dB）是贝尔的 1/10。

贝尔是英文 bel 的音译，是纪念电话发明者美国人 A.G. 贝尔而命名的。时钟滴答声约为 15 分贝；人低声耳语约为 30 分贝；冰箱、电风扇的声音为 40～70 分贝；汽车噪声为 80～100 分贝；电视机伴音可达 85 分贝；电锯声是 110 分贝；喷气式飞机的声音约为 130 分贝。一般说，30～40 分贝是较理想的安静环境，超过 50 分贝就会影响休息和睡眠。

乐音和噪声　戏剧的唱腔、美妙的歌声、和谐的乐曲使人欢乐并陶醉，但电锯发出的刺耳声使人难受与生厌。

根据人的感受，通常把声音分为两类：乐音和噪声。好听悦耳的声音叫作乐音。从物理学的角度看，乐音是由做周期性振动的声源发出来的。嘈杂刺耳的声音叫作噪声。从物理学的角度看，噪声是由于声源做无规则的非周期性振动产生的。从环保角度看，噪声（也叫噪音）是指一切对人们生活和工作有妨碍的声音。噪声不单由声音的物理性质决定，还与人们的生理和心理状态有关。

乐器发出的悦耳动听的声音是乐音，语音中的元音也是乐音，乐音的波形图是周期性曲线。而噪声则是物体不规则振动时所发出的声音，像搅拌机等发出的杂乱刺耳的声音是噪声，噪声的声波图像是不均匀的锯齿状曲线，没有一定的频率和周期。在电路中，由于电子的持续杂乱运动而在电路中形成的频率范围比较宽的干扰，也称为"噪声"。

噪声分贝列表	
10～20分贝	很静，几乎感觉不到
20～40分贝	相当于轻声说话
40～60分贝	相当于普通室内谈话
60～70分贝	相当于大声喊叫，有损神经
70～90分贝	很吵。长期在这种环境下学习和生活，会使人的神经细胞受到破坏
90～100分贝	会使听力受损
100～120分贝	使人难以忍受，几分钟就可暂时致聋

噪声污染 噪声是一种环境污染，它被认为是仅次于大气污染和水污染的第三大公害。噪声像毒雾一样，弥漫在人们周围，尤其在城市和工业区里，它是一种致人死命的慢性毒素。

环境噪声污染是指所产生的环境噪声超过国家规定的环境噪声排放标准，并干扰人们正常生活、工作和学习的现象。

医学专家介绍，一般情况下，噪声如果超过 60 分贝，长时间处在这种环境里，人的神经系统就会受到影响。噪声平均每提高 3 分贝，噪声能量就会增强 1 倍。经常处于噪声困扰之中，会出现记忆力减退、失眠等症状。噪声污染严重时，甚至会破坏人体的听觉系统。

多普勒效应 当波源和观察者有相对运动时，观察者接收到的波的频率和波源发出的波的频率会有差别，这种现象叫作多普勒效应。当波源与观察者靠近时，观察者接收到的波的频率变大；当波源与观察者远离时，观察者接收到的波的频率变小。

多普勒效应是以奥地利物理学家 J.C. 多普勒的姓氏命名的一种物理现象。机械波（包括声波）、电磁波、光波等都能发生多普勒效应。当轰鸣着的火车从人的身边飞驰而过时，人们会听到火车笛声的音调发生了变化，当火车接近人时音调变高，而远离人时音调变

静止的观测者

为了描述多普勒效应，最具代表性的例子是火车的汽笛声。当火车接近人时，人接收到的汽笛声波的频率变大，音调变高，远离人时汽笛声波的频率变小，音调降低。

低。多普勒效应有很多应用，如超声波测速仪就是利用多普勒效应用超声波测定运动物体（如汽车）的速度。多普勒效应已成为研究宇宙的有力工具，如根据遥远天体的光谱频移现象证明了宇宙正在不断地膨胀。

声控 用声音进行控制就是声控，它是用声音启动装置把声波变成诱发信号，使人工操作变成自动行为。

楼房的楼梯处安装的声控型节能电灯，就是声控的实际应用。夜晚人在楼梯上走动时，脚步声会诱发电灯联动装置，使电灯通电发光；通过延时装置，经适当时间后自动断电，电灯熄灭。为了帮助全身瘫痪的病人，科技人员设计了用话音控制的轮椅，它能按照人的口令行进，即可以前进、左右转弯、停止和倒退。装有语言识别芯片的声控汽车，

能够识别声音，按照司机口令自动执行行驶意图。随着科技的进步，展示人类智慧的各类机器人，必将为人类带来更高质量的生活。

有声建筑　1987年3月，法国马赛市卡斯特拉纳地铁站内建成了一堵神奇的音乐墙，人们经过它面前时，随着脚步的节奏会发出乐曲。音乐墙是借助于计算机内贮存的各种基本音符、短句，构成一个作曲系统，行人经过墙附近时，光电管的进光强度被改变，这样经过计算机的处理，就奏出了一组跟行人经过墙前的动作有关的音乐。

有声建筑就是可以发出音乐、歌曲、特殊声响等声音的建筑。有声建筑千姿百态，丰富了人们的生活内容。

印度新德里的一座7层大厦内设计了音乐楼梯。楼梯用共鸣性好的花岗石砌成，每块花岗石有固定的音阶，楼梯的排列按音调定位，人踏着楼梯上下时就像踏在琴键上，奏出动听的旋律。美国芝加哥石油公司总部大厦的广场上竖立着一组音乐雕塑。它由几组长短粗细不一的铜棒组成，铜棒连接着音箱底座，整个雕塑建在喷水池中。当有风吹来时，铜棒相互撞击发出声响，经水体和音箱形成乐声。

内能　能量可以表现为许多形式，如运动的物体具有动能，拉伸或压缩的弹簧具有弹性势能。物质内分子永不停息地做无规则运动，具有分子动能；分子间存在着引力与斥力，就像被拉伸或压缩的弹簧一样，分子间也具有分子势能。

内能是指物体内所有分子具有的分子动能和分子势能的总和。

物体的内能与物体的质量、温度和体积有关。同一物体，温度越高，分子运动得越激烈，分子的动能越大，物体的内能就越大。或者说，

当物体的温度升高时，它的内能就增加。一个物体的内能除了与温度有关外，还与物态有关，如质量相同的同种物质，温度相同时，处于气态时的内能就比处于液态时的内能多。1克100℃的水蒸气比1克100℃的水的内能多。人们关心的不仅是物体具有多少内能，还关心物体内能改变了多少。改变物体内能有两种物理途径，即做功和热传递。

热量　将温度不同的物体放在一起，会发生温度高的物体的内能转移到温度低的物体上的现象，也就是温度高的物体释放热量，温度低的物体吸收热量。

物体之间由于温度的不同而发生热传递的过程中，物体吸收或放出的内能的多少称为热量。热量是在热传递过程中，物体内能的改变量。

热量总与热传递过程相对应。说一个物体具有多少热量是没有意义的。

比热容　实验证明，相同质量的不同物质，升高（或降低）相同温度时，吸收（或放出）的热量不同，这是由物质本身的性质决定的。

单位质量的某种物质，温度升高（或降低）1℃所吸收（或放出）的热量，叫作这种物质的比热容，简称比热。

比热容是物质的特性之一。不同的物质比热容数值不同。金属的比热容较小，水的比热容较大。因此海水调节气温的能力较大，使靠海处的昼夜温差较小。

热膨胀　把一只气球吹起来扎好口，再放到火边烤，会发现气球渐渐变大，这是气球里的空气受热发生热膨胀造成的。

在压力不变的条件下，绝大多数物体在受热温度升高后，长度、面积、体积比温度低时增加，这就是热膨胀。热膨胀是主要的

飘浮在空中的热气球

热现象。如果物体受热而膨胀受到限制时，物体就会向限制它的物体施加强大的力。因此在铺设铁路的钢轨时，钢轨之间的连接处要留出空隙，为夏季热膨胀预留空间。假如在钢轨间不留空隙，到夏季因温度较高，钢轨膨胀会产生很大的力把钢轨顶弯，其后果不堪设想。同样道理，架设电线时，架在电线杆上的电线应有一定的松弛程度，为电线在寒冬天气里的收缩留有余地。自行车在夏季时，车胎不能打气过足，以免在阳光照射下胎内空气因反抗车胎的约束使车胎爆裂。

热缩冷胀　是不是所有物体都是受热时膨胀、遇冷时收缩呢？答案是否定的。

绝大多数物体都是热胀冷缩，也就是说物体受热时膨胀，温度降低时收缩。但也有少数物体遇热时体积收缩，温度降低时反而膨胀，即所谓热缩冷胀。水在 0～4℃时是热缩冷胀，在 4℃以上是热胀冷缩，因此 4℃时水的密度最大。

热传递　一杯热水放在桌面上，过一小段时间会发现杯内的水变凉了一些，而置放杯子的桌面处有些变热，这就是热传递现象。

内能从温度高的物体转移到温度低的物体上，或由物体温度高的部分转移到温度低的部分的现象，叫作热传递。

热传递有 3 种方式：①热传导。温度不同的物体相互接触，热量直接从高温物体传向低温物体就是热传导。从微观角度看，热传导是物体内的分子间实现了能量的交换。不同物质传导热的本领不同，例如金属容易传热，因此多数炊具用金属制作；冬季穿棉衣、羽绒服等，就是利用棉絮、羽绒及空气等不善于传导热的性质。②热对流。通过气体或液体的流动传递热量的方式就是热对流。自然界中刮风实际上是阳光照射一部分空气，使这部分空气温度升高而产生的对流现象。③热辐射。高温物体直接用电磁波的方式把能量传递给低温物体的方式就是热辐射。例如，人在篝火旁，靠近篝火的一侧会感到较热，这主要是热辐射造成的；太阳的能量通过辐射光到达地球。掌握了热传递各种方式的特点，就可以根据需要利用或限制热传递。

物态变化　物质通常以 3 种状态存在，即固态、液态和气态，例如水这种物质，以冰、水、水蒸气 3 种状态存在。

一种物质的状态不是一成不变的，它可以在一定条件下从一种状态转变为另一种状态，这就是物态变化。物态变化是有条件的，如水在一般条件下呈现为可以流动的状态，即液态，而当水从外界吸收热量，会变成气体状态（气态）的水蒸气。反过来，水蒸气

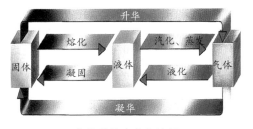

物体的物态变化过程

遇冷放出热量会变成水，水遇冷放出热量，会变成固体状态（固态）的冰。冰吸热时会变成水，冰有时吸热后会直接变成水蒸气，水蒸气遇冷时有时会直接变成冰。

我们的祖先很早就会利用物态变化了。例如，将铁化为铁水，再把铁水浇铸在模具中，制造出各种铁器。物质在发生物态变化时，分子的内部结构没有变化，所以物态变化是一种物理变化。

熔化和凝固　春暖花开的时候，北方地区河、湖里的冰会化为水，而到了冬天，河、湖表面的水会结成冰。

物质从固态变成液态的过程叫熔化，从液态变为固态的过程叫凝固。物质熔化时吸热，凝固时放热。

固体物质有晶体和非晶体两类。晶体熔化过程中有一定的熔化温度（熔点），非晶体在熔化过程中没有确定的熔化温度。晶体在凝固过程中有凝固温度点，非晶体在凝固过程中没有确定的凝固温度点。

汽化和液化　用水壶烧水，当水沸腾时，壶嘴有"白气"喷出，这是水吸热后汽化，又遇冷液化的复杂现象。其实，"白气"是由大量小水珠所组成的。

物质从液态变为气态的过程叫汽化，从气态变成液态的过程叫液化。物质汽化时吸热，液化时放热。

物质汽化有蒸发和沸腾两种方式。研究表明，任何气体在温度降到足够低时都可以液化。利用压缩气体体积的方法，也能使某些气体液化。例如液化石油气（LPG）就是在常温下利用压缩气体体积的方法使石油气（含油天然气或被提取气体汽油后的剩余气体）液化，并贮存在钢罐里。使用时降低压强，液化石油气汽化为气体，供燃烧用。压缩天然气（CNG）是将天然气（蕴藏在地层内的碳氢化合物的可燃气体）经过加压压缩，这样非常有利于输送或储存。

升华和凝华　保护棉织衣物不被虫蛀的樟脑丸，在空气中置放一定时间后，会发现变小了，这是樟脑丸由固态直接变为气态的结果。

物质由固态直接变成气态的过程叫作升华，由气态直接变成固态的过程叫作凝华。物质在升华的过程中要吸热，在凝华的过程中要放热。

冬季冻成冰的湿衣服晾干的过程，是冰直接变成水蒸气的升华过程。霜是冬季水蒸气遇冷凝华的结果。人工降雨就很好地利用了升华和凝华的原理。它是飞机在空中喷洒干冰（固态二氧化碳），干冰在空中迅速吸热升华，使空气温度急剧下降，水蒸气遇冷凝华变成小冰粒，小冰粒逐渐变大而下落，下降中溶化为水滴形成了雨。

蒸发和沸腾　水洒在地面上，过一会儿地面上的水就变成水蒸气不见了。加热水壶里的水到沸腾，水壶内的水也会变成水蒸气而减少。这是水汽化的两种方式：蒸发和沸腾。

只在液体表面发生的汽化现象叫作蒸发。在任何温度下液体都能蒸发，液体蒸发过程中要吸热。沸腾是指在一定温度下，在液体表面和内部同时进行的剧烈汽化现象。液体在沸腾过程中要吸热，但温度保持不变。

蒸发受许多因素影响，如液体的表面积、液体的温度、液体表面上的空气流动等。例如水蒸发时，水和空气交界面的水分子进入空气中，并向周围扩散。显然交界面越大，水分子进入空气中的通路越多；水温越高水分子运动越激烈，越容易进入空气；水面上方空气流动加快，加速水分子扩散，等等，这些均能加速蒸发。蒸发过程中吸热有重要应用，如家用电冰箱和空调，就是利用液体蒸发时吸热的原理制成的。人发高烧时，在身体表面涂上酒精，利用蒸发吸热达到降低体温的效果。

沸腾时，液体表面和内部都发生向气体转变的过程，如水沸腾时在内部产生大量水蒸气，形成气泡浮出水面。

沸点　水沸腾时的温度是 100℃ 吗？不一定！水沸腾的温度与气压有关，可以高于100℃，也可以低于100℃。

液体在沸腾时温度保持不变，此时的温度叫作沸点。

在一个标准大气压下，纯净的水在 100℃ 时沸腾。水沸腾时产生较蒸发时多的水蒸气，需要吸收更多的热量，使在压强一定时温度保持在沸点不变。水的沸点与气压有关，气压越高，沸点越高；气压越低，沸点也越低。高山上气压较低，水的沸点低于 100℃，致使有时连鸡蛋也煮不熟。

温度　日常生活中，人们常凭感觉感受 "冷" 或 "热"，并以此增减衣物等。温度是表示物体冷热程度的物理量。温度和热传递有关，温度高的物体放出热量，温度低的物体吸收热量，直到两个物体的温度相等时为止。从微观上看，温度与物体内分子的无规则运动的激烈程度有关。分子无规则运动激烈程度越高（分子平均动能

英国早期的水银温度计，玻璃泡和玻璃管固定在一块刻有温度标记的木板上。

越大），则温度越高。温度的高低，可以用温度计来测量。

温度是针对大量分子运动的平均效果而说的物理量，对单个分子来说是没有意义的。只能说物体的温度是多少，不能说某个分子的温度是多少。在研究 "热现象" 时，会发现这些现象都与温度有关，如物体的 "热胀冷缩" 或 "热缩冷胀"，物质的物态变化等。

温度计　单凭感觉感受冷热程度是不准确也是不可靠的，温度计度量出的温度才是可靠的。

温度计是测量物体温度的仪器。常用温度计是根据液体的热胀冷缩性质制成的，主要有水银温度计、酒精温度计、煤油温度计等。

将水银等液体装在玻璃制成的液泡内，上面连通细玻璃管，当液泡内的液体受热膨胀后，液体顺细管上升，从细管中液柱的上升程度可以确定物体的温度。不同的温度计，用途不同，它们的测温范围和最小分度值也不同。

摄氏温度　摄氏温度是一种使用广泛的温度。历史上它是摄氏温标所定义的温度。现在摄氏温标已废弃不用，摄氏温度有了新的定义，但在数值上，它与过去人们习惯使用的摄氏温标温度很相近。摄氏温度的单位称为摄氏度，用符号 ℃ 表示。

摄氏温标是瑞典天文学家 A . 摄尔西乌斯在 1742 年首先提出的一种经验温标。摄氏温标规定，在一个标准大气压下，冰水混合物的温度定为 0℃，沸水温度定为 100℃，中间分为 100 等份，每一等份就是 1 摄氏度（摄氏温度的单位）。摄氏温标又称 "百分温标"。1954 年第 10 届国际计量大会决定采用水的三相点 1 个固定点来定义温度的单位，冰点已不再是温标的定义固定点了。

华氏温度　华氏温度是华氏温标所定义的温度。华氏温度按一定的数学公式与摄氏温度相联系。华氏温标是18世纪初D.G.华伦海特首先提出的历史上第一个经验温标，它使得温度测量第一次有了统一的标准。华氏温标规定冰点为32度，水沸点为212度。华氏温度的单位为华氏度，用符号°F表示。

零摄氏度相当于32华氏度，而100摄氏度相当于212华氏度。

热力学温标　在科学研究中常使用热力学温标，它是国际单位制（SI）所采用的基准温标。

热力学温标选择水的三相点为标准点。由于水的三相点温度是0.01℃，所以热力学温标规定其为标准点的温度，数值为273.16K。

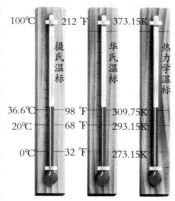

摄氏温标、华氏温标和热力学温标的刻度比较

1K等于水的三相点的热力学温度的273.16分之一。热力学温标又称为"绝对温标"或"开氏温标"。用热力学温标表示的温度，称为热力学温度，单位为开尔文，简称开，用K表示。

热力学温标是一种理论温标，是英国物理学家开尔文于1848年创立的。

绝对零度　科学理论指出，绝对零度是人们无法达到的，只能尽力地接近。

在国际单位制（SI）中，将 –273.15℃作为测量温度的起点，称为绝对零度。由于水的三相点温度是0.01℃，所以绝对零度比水的三相点温度低273.16℃。

尽量地接近绝对零度是目前科学家们正在努力探索的一个重要课题。现在科学家们已经可以达到比绝对零度只高 10^{-9}K 的水平了。随着科学研究的不断深入发展，科学家们还会取得更好的成果。

热岛效应　人类的活动可以改变周围地区的温度，这是人类活动与环境保护之间必须重视的问题。

一个地区由于人口稠密、工业集中等造成温度高于周围地区的现象，称为热岛或热岛效应。

热岛效应可以造成局部地区气象异常。例如，城市大气温度比郊区的大气温度高出1～5℃，城市空气上升，郊区的冷空气就流入城市，从而形成"城市风"。而且城市人口越多，工业交通越发达，热岛现象也越明显。热岛现象还会造成城市上空的云量和降水量的增加等。

热机　在人们身边，可以看到许多能量转换的例子：电灯把电能变成光和热；发电机把机械能变成电能。这都是经过某种装置或方式，把能量从一种形式变为另一种形式的例证。

1712年，英国人纽科门借鉴萨弗里发明的真空泵原理制造出早期的热机——第一台蒸汽机样机。其活塞通过摇杆横梁与抽水泵的泵杆相连。

把内能转换为机械能的装置统称为热机。热机是热力发动机的简称。热机的种类很多，常根据燃料燃烧的方式分为内燃机和外燃机两大类。

热机工作时需要热源和冷源。热机先从热源吸收热量，再把热量释放到冷源，在这种吸热和放热的过程中，可以把部分内能转化为机械能。热机工作中需要的内能可以来自燃料燃烧、原子能释放、太阳照射等。热机所用的工作物质是水蒸气、燃气等气态物质。热机的应用十分广泛，如各种汽车、轮船和飞机等都使用热机。但热机只能转换吸收内能中的一部分，即热机的效率不可能达到100%。

外燃机　早期出现的动力机械装置蒸汽机，属于外燃机。

外燃机是燃料在锅炉等设备内燃烧，放出的热量中有一部分传给工质（工作物质，如蒸汽等），再在发动机里将工质带来的内能的一部分转变为机械能的热机。典型的外燃机有蒸汽机、蒸汽轮机。

蒸汽机　水烧开时，水壶盖会被顶起，这是水的蒸汽产生的压力造成的。人类利用蒸汽压力作为动力，制造出了对人类有重大贡献的蒸汽机。

蒸汽机是最早出现的热机，它以水蒸气作为工作物质。燃料燃烧加热锅炉中的水产生高温高压的水蒸气；蒸汽进入汽缸后膨胀推动活塞运动并做功，做功后的蒸汽排出汽缸进入大气；蒸汽机通过自身的配气机构，把蒸汽按先后顺序分配到汽缸的两端，使活塞往复运动，完成连续做功。

第一部原始蒸汽机是法国人 D. 巴本于 1690 年发明的，在以后的 100 多年中得到不断改进和完善，其中英国人 J. 瓦特对此做出了巨大的贡献，使得原来只能进行煤矿抽水

作业的蒸汽机被推广到其他行业，如 1785 年用于纺织行业，1807 年用于轮船，1825 年用于火车等。蒸汽机在 18 ～ 19 世纪为社会生产提供了足够的动力，大大地提高了生产能力，成为推动工业革命的重要因素。但蒸汽机效率不高且有笨重的锅炉，所以现在很少使用了。

内燃机　蒸汽机体积、重量大，笨重，而且燃料燃烧释放的热量的利用率不高，因此人们希望用新的动力机来替代蒸汽机，内燃机就是在这种希望中诞生的。

内燃机是让燃料直接在机器内燃烧获得高温高压气体而产生动力的机器。内燃机根据构造、燃料、工作时的运动方式等不同，可以分成许多种类。如活塞式内燃机，它一般有圆筒状的汽缸，汽缸内有沿汽缸壁移动的活塞，内燃机工作时，燃料进入汽缸并在汽缸内燃烧，产生的高温高压气体推动活塞对外做功，然后气体被排出，内燃机再开始新一轮同样的过程，这样不断循环，内燃机可以源源不断地产生动力。喷气发动机也是一种内燃机，它是根据"起花"（一种爆竹）点火后，燃气向外喷射的同时给炮体以巨大反推力的反冲运动的原理制成的。喷气发动机有两类，一类自带燃料，它借用空气中的

内燃机剖面图

氧气助燃，如喷气式飞机使用的发动机；另一类自带燃料又带氧化剂，称为火箭发动机，装有这种发动机的飞行器（如宇宙飞船）可以在大气层外飞行。

最早的实用内燃机是1860年由法国人É·勒努瓦制造的，现在内燃机已成为主要的动力机器。

活塞式内燃机

在公路上行驶的客车、货车和小轿车等，绝大部分都使用这类内燃机。

进气阀　排气阀
汽缸盖
汽缸
活塞
汽缸套
连杆
曲轴

进气行程　压缩行程　膨胀行程　排气行程

活塞式四冲程内燃机结构图

活塞式内燃机是利用燃料在汽缸内燃烧获得高温高压气体推动活塞对外做功的机器。根据所用燃料和燃烧方式不同，活塞式内燃机常分为汽油机（点燃式）和柴油机（压燃式）两类。

活塞式内燃机工作时按照吸气、压缩、燃料做功、排气等过程循环进行，一般有四冲程和二冲程内燃机之分。活塞式内燃机可以用人力或用电动机启动，工作时需要用冷却介质进行冷却。

汽车

现代社会汽车已成为生活和生产中重要的交通工具。汽车除载人和运输货物外，还有各种特殊用途的专用车，如消防用的救火车、医疗用的救护车、公安局的警车等。

世界上第一辆汽车是法国军官 N.J. 居纽于1769年用蒸汽机产生动力制造出来的，这是一辆三轮蒸汽机车，全长 7.23 米，时速达 3.6 千米。直到 19 世纪后期内燃机出现后，汽车才得到快速发展。在改进汽车性能使汽车能

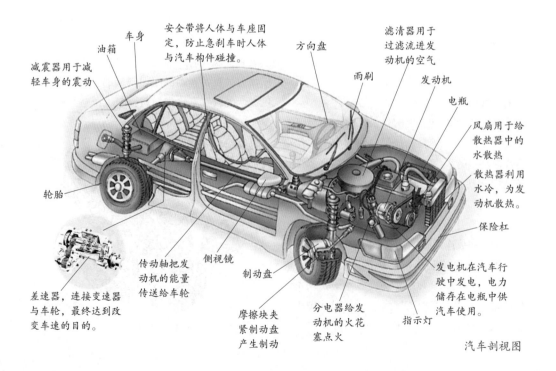

安全带将人体与车座固定，防止急刹车时人体与汽车构件碰撞。

车身

油箱

减震器用于减轻车身的震动

方向盘

雨刷

滤清器用于过滤流进发动机的空气

发动机

电瓶

风扇用于给散热器中的水散热

散热器利用水冷，为发动机散热。

保险杠

发电机在汽车行驶中发电，电力储存在电瓶中供汽车使用。

轮胎

传动轴把发动机的能量传送给车轮

侧视镜

制动盘

指示灯

分电器给发动机的火花塞点火

摩擦块夹紧制动盘产生制动

差速器，连接变速器与车轮，最终达到改变车速的目的。

汽车剖视图

够真正实用的过程中，许多人付出了艰辛的劳动，其中美国人 H. 福特建造了大规模生产汽车的工厂，大大地降低了汽车制造的成本，使汽车进入百姓家。

一辆汽车由上万个零件组成，结构非常复杂，但主要分为底盘和车身两部分。底盘上安装有动力、传动、制动等各种零部件，车身用于乘坐或装货。制造品质优异的汽车需要先进的技术和科学管理，它是一个国家工业水平的重要标志。中国在 1956 年 7 月生产出首辆汽车，现在已有中国第一汽车制造厂、中国第二汽车制造厂等多家汽车生产厂家，并可以生产多种类型的汽车。汽车有利也有害，应注意预防汽车事故。

制冷机　装有空调的房间使人在炎热的天气中感受到清凉；放在冰箱里的食品可以保鲜。这些都是制冷机的功劳。

制冷机是可以从物体中吸收热量使某一空间内的温度低于环境温度并保持这个低温的装置。制冷机是利用气体被压缩成液体时放出热量，而让液体汽化并自由膨胀时又能吸收热量的原理工作的。显然制冷机是液化的工作物质在汽化过程中从低温物体吸收热量，然后通过外界对工作物质做功，将气体的工作物质再液化使热量向高温物体释放的

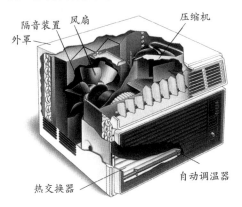

隔音装置　风扇　　　　压缩机
外罩

热交换器　　　　　　　自动调温器

窗式空调剖面图

过程，这是热传递过程的逆过程。空调和电冰箱都属于制冷机。

制冷机的工作物质采用容易液化的物质，如氨或氟利昂。由于氟利昂等氟氯化碳类化学物质进入大气层后，会破坏大气层中的臭氧层，所以现在的电冰箱和空调已限制使用氟利昂制冷剂。家用制冷机所能达到的温度都不很低。要得到非常低的温度，需使用凝点更低的气体作为工作物质，如氢、氦等，但这些气体液化需要特殊装置。

分子动理论　人们周围的物体，有的运动不息，有的静止不动。那些似乎不运动的物体，如一间静止、密不透风的空屋中的空气，尽管看起来平静，但组成它们的分子，却在不停地迅速运动着。

分子动理论认为物质是由不停运动着的分子所组成，并以分子运动的集体行为来说明物质的有关物理性质的。分子动理论的主要内容有 3 点：①一切物体都是由大量分子组成的，分子之间有空隙；②分子做永不停息的无规则运动，这种运动称为热运动；③分子间存在着相互作用着的引力和斥力。

无数客观事实证明了分子动理论的正确性，其中布朗运动、扩散现象等，就是典型例证。分子动理论不仅很好地解释了各种不同物质的结构和特点，也可以解释固体、液体和气体的热现象（大量分子热运动的集体表现），并把物质的宏观现象和微观本质联系起来。分子动理论的深入发展，促进了统计物理学的发展。

布朗运动　1827 年，英国植物学家 R. 布朗在用显微镜观察悬浮在水中的花粉时发现，花粉在做不停的无规则的运动。后来人们把悬浮在液体（或气体）中的微小颗粒（直径

约为 10^{-3} 毫米）所做的永不停息的无规则运动叫作布朗运动。

需要指出的是：①布朗运动是小颗粒的运动，不是单个分子的运动，因此布朗运动不是热运动，只是反映了分子的热运动；②悬浮颗粒越小，温度越高，布朗运动越激烈。

扩散　打开盛有香油的瓶盖，用手轻扇一下，香油的香味会飘入鼻内，这是扩散的结果。

不同物质在接触时，没有受到任何外力影响而能彼此进入对方的现象叫作扩散。发生扩散的条件是物质分子浓度分布不均匀。

固体、液体、气体自身及相互间都可以发生扩散现象。一般来说，扩散是向着浓度较小的方向发生，使扩散物质的分子分布趋向均匀。浓度差越大，温度越高，物质颗粒越小，扩散速度越快。

表面张力　在水面上放一个小木片，在小木片的一头涂一些肥皂，木片就会往另一头

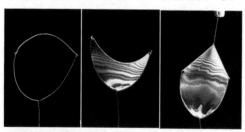

左图的铁丝框下悬挂着一根细线；中图是将线框浸过肥皂液后，细线靠近铁丝；右图是用手拉细线时，手会感觉到力的作用，这说明肥皂液膜具有表面张力。

的方向移动，这是由于有肥皂的一端的表面张力变小了，小木片就被另一端的表面张力拉动了。

表面张力是液体表面分子间的吸引力形成的、使液体表面自动收缩的力。在表面张力的作用下，液体表面有收缩到最小的趋势，如雨后荷叶上的小水滴呈球形或椭球形。

所有液体都有表面张力。表面张力的大小与液体的性质、纯度和温度有关。毛笔从水中取出，笔毛会聚集在一起，就是表面张力存在的结果。

浸润　在平放着的干净玻璃板上洒一些水，水会在玻璃板上铺展开，而在平铺于桌面上的塑料薄膜上洒一些水，水成滴状，不会铺展开，这说明水能浸润玻璃，但不浸润塑料。

液体附着在固体表面上的现象叫作浸润。液体不附着在固体表面上的现象叫作不浸润。浸润和不浸润现象，是分子力作用的表现。当液体与固体接触时形成跟固体接触的液体薄层称为附着层，它受固体分子的作用（附着力）和液体分子的作用（内聚力）。当附着力大于内聚力时，液体表现出浸润固体；而当附着力小于内聚力时，液体表现出不浸润固体。

由于浸润现象，盛放在细玻璃管中的水面呈凹形。由于不浸润现象，盛放在玻璃管中的水银面呈凸形。

毛细现象　把毛巾的一端放入水中，水顺着毛巾纤维上升而使毛巾变湿，这就是毛细现象的具体表现。

将内径很小的管子——毛细管插入液体中，管内外液面产生高度差的现象，称为毛细现象。当构成毛细管的固体材料被液体浸润时，管中液面升高并呈凹状；不浸润时，管中液面下降并呈凸形。

毛细现象在自然界、科学技术和日常生活中都起着重要作用。大量多孔性的固体材料在与液体接触时即出现毛细现象。纸张、纺织品、粉笔等物体能够吸水就是由于水能浸润这些多孔性物质从而产生毛细现象。人们在工程技术中，常常利用毛细现象使润滑油通过孔隙进入机器部件去润滑机器。

光　自然界因为有了光，世界才变得五彩斑斓，地球上才生机盎然，万物繁盛。光对人类太重要了！

通常说的光是可以引起人的视觉的电磁波，这部分电磁波在真空中的波长范围大约在 0.4～0.7 微米，叫作可见光。不同波长的光，人眼看起来呈现不同的颜色，从波长由长到短依次呈现红、橙、黄、绿、青、蓝、紫等色，因此人们可以看到五彩缤纷的世界。其中人眼对波长为 0.55 微米的黄绿色光最敏感。广义的光还包括红外光和紫外光，有时将 X 射线也列入光波的范围。

能够自行发光的物体，我们叫它光源，如点亮的电灯、点燃的蜡烛。对地球上的一切生物来说，最大的光源是太阳。光可以在真空或介质中传播。人们对光的认识步步深入，已经认识到光具有波动性和粒子性的"波粒二象性"，光还能产生折射、散射、反射等现象。

红外线　人眼不能看到红外线，但可以用光学仪器检测到红外线。

介于红光和无线电波微波之间的电磁波叫红外线，或称红外光。红外线在真空中的波长范围约为 0.7～1000 微米。

红外线是英国天文学家 F.W. 赫歇尔在 1800 年发现的。一切物体都可以发射红外线。利用红外摄影可得到景物的照片，用红外线夜视仪可观察到肉眼看不到的目标。在卫

飞机投掷红外诱饵弹

星遥感、遥测技术中，红外线是一个重要波段。军事上常利用红外线制导导弹。红外线遥控技术已广泛应用于电视机、录像机和录音机等民用产品中。

紫外线　2003 年非典型性肺炎流行期间，人们常用紫外线灯来进行杀菌消毒。

紫外线又称紫外光，是介于紫光和 X 射线之间的电磁波。紫外线在真空中的波长范围为 0.005～0.4 微米。

紫外线是德国物理学家 J.W. 里特于 1801 年发现的。一切高温物体，如太阳、弧光灯发出的光都含有紫外线。紫外线的化学作用显著，很容易使照相底片感光。紫外线能使许多物质激发荧光。另外，紫外线还有杀菌消毒作用。但过强的紫外线会伤害人的眼睛和皮肤，如电焊的弧光中有过强的紫外线，因此电焊工工作时须穿工作服，并使用防护面罩。

荧光效应　日光灯是室内照明的主要灯具，其发光原理是：在日光灯的灯管内充有稀薄的水银蒸气，当水银蒸气导电时发出紫外线，在紫外线的照射下，涂在管壁上的荧光粉就发出柔和的白光。日光灯发光是荧光效应的应用实例。

某些物质在受到外来光线或高能粒子的照射时，能发出荧光的现象就是荧光效应。荧光是余辉（当照射停止，发光仍能持续一段时间称为余辉）时间与发光体温度无关的发光现象。能发生荧光的物质称为荧光物质，如钨酸镁、硅酸锌、卤磷酸钙等。

紫外线有很强的荧光效应，能使许多物质发出荧光。农业上诱杀害虫用的黑光灯与日光灯相似，也是用紫外线来激发荧光物质发光的。验钞机就是用荧光效应束辨别钱的真伪。

紫外线摄影　用紫外线摄影能清晰地分辨出留在纸上的指纹，可见紫外线摄影有重要的应用价值。

紫外线摄影是利用紫外线进行的摄影。它应用的原理是：紫外线的化学作用强，能造成很多物质对紫外线的吸收、反射或透射作用。紫外线与可见光有明显的差异，这使得紫外线摄影可以获得与白光照相完全不同的图像，并能展现更多的信息，区分出物质间的细微差别。

紫外线摄影的镜头要用能透过紫外线的石英玻璃等做透镜。拍摄时可直接紫外摄影，也可以紫外荧光摄影。

X 射线　检查心、肺等内脏器官时，常用 X 射线进行透视，以判断心肺是否有问题，可见 X 射线对我们来说并不陌生。

X 射线俗称 X 光，又称伦琴射线。它是高速电子流射到固体上产生的不可见光线。在真空中，X 射线的波长比紫外线的波长还要短，大约在 $10^{-9} \sim 0.1$ 微米，是一种波长较短的电磁波。高速电子流射到任何固体上，都能产生 X 射线。

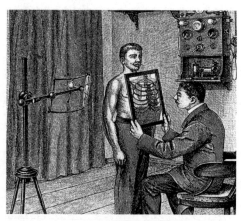

这幅 1903 年的绘画，显示一名医生正用 X 射线为病人检查身体。当时人们并不完全了解过度照射放射线的危害，因此病人与医生都暴露在大量放射线中。

X 射线是德国物理学家 W.K. 伦琴于 1895 年发现的，开始因不知道这种光的本质，就称它为 X 射线。因为 X 射线的波长很短，因此穿透本领很强，在医学上常用作人体透视，检查体内的病变和骨骼情况。在工业上用作零件探伤，检查金属部件有无砂眼、裂纹等缺陷。X 射线能使荧光物质发光、照相乳胶感光、气体电离。但长期接触 X 射线对身体有害，所以实际使用中要对人体加以保护。

零件探伤　X 射线能对零件探伤，是因为 X 射线的波长很短，穿透本领很强。X 射线不能被人眼看到，但可以让 X 射线照射到荧光物质上发光再行观测。让零件通过 X 射线区，通过荧光屏观测 X 射线通过零件后的情况，就可以检查零件内有没有砂眼、裂纹等缺陷，这就是零件探伤。

零件探伤也可以用波长更短的 γ 射线进行。

放射病　由于 X 射线的穿透本领很强，长期被 X 射线照射，对人体不利，可能会引发放射病。

放射病是放射性损伤的一种。它是 X 射线、α 射线、β 射线、γ 射线等作用于人体后引起的一种全身性疾病。患病者初期出现头晕、乏力、恶心、呕吐等症状，继而出现造血功能障碍，内脏出血，组织坏死、感染或恶性病变等，伴随有人体毛发脱落现象。放射病分急性和慢性两种。急性放射病是人体在短期内受到大量放射线照射引起的。慢性放射病是人体长期多次受小量放射线照射引起的。

放射病可以预防，一定要遵守安全操作规程。如在 X 射线下工作的人员，要用含铅的橡皮围裙、手套和铅玻璃眼镜来保护身体各部位。

光源　夜间，各种照明灯照亮了道路，照亮了房间，各种霓虹灯装点着商店、娱乐场所等，使城市和乡村活起来。这些光都是光源发出的。不难想象，没有任何光源的世界会是什么样子。

光源通常指能发出可见光的发光体，如太阳、照明灯、霓虹灯等。物理学中的光源指能够发光（包括可见光和不可见光，如红外光、紫外光等）的物体，也就是能发出一定范围电磁波的物体。可见光光源发出的可见光常用于照明或显示信号，不可见光光源发出的光常用于医疗、通信、夜间照相等特殊用途。

按光的激发方式，光源可以分为热（辐射）光源和冷（辐射）光源。热光源如太阳、白炽灯、弧光灯等，主要取决于温度，当温度升高时，光源的亮度和颜色都将发生变化。冷光源如荧光灯、水银灯、萤火虫等，主要取决于物体的性质，不同物质可以发出不同波长的光。

激光器是一种新型光源，具有发射方向集中、亮度高等优点。对光源光谱的研究，可以分析发光物质的结构和成分，为人类认识物质世界提供了便利。

光速和光年　在历史上很长一段时间里，人们一直认为光的传播是不需要时间的。1607 年 G. 伽利略最早做了测定光速的尝试，未获成功，但实验证明了光速是很大的，同时也为后人留下了很多的启示。以后的学者们在此基础上进行了进一步的探求，并通过实验测定了光速，如 1676 年丹麦天文学家 O.C. 罗默通过天文观测方法，证实光是以有限速度传播的；1849 年法国物理学家 A.H.L. 菲佑，用旋转齿轮法测出光速为 315000 千米 / 秒；1926 年美国物理学家 A.A. 迈克耳孙用旋转棱镜法精确地测出光速为（299796 ± 4）千米 / 秒；1972 年以后采用激光技术使测出的光速更为准确。

光速一般指光在真空中传播的速度，用 c 表示。目前公认的光速 $c = 299792458$ 米 / 秒，一般取 $c = 3.00 \times 10^8$ 米 / 秒，即 30 万千米 / 秒。光速也是所有电磁波在真空中的传播速度，是重要的物理常量之一。

光年表示光在真空中一年的时间内所传播的距离，1 光年等于 94605 亿千米。光年常用符号 l.y. 表示。光年不是速度的单位，而是天文距离的单位，一般用它作单位来度量天体之间的距离，如天狼星距地球是 8.65 光年（8.18×10^{16} 米）。

光的反射　在公园里，人们常看到垂柳倒映在水面上的美丽景色；在哈哈镜前，可以看到人体极度变形的可笑形象。这两种不同的情况源于同一物理问题，就是光的反射。

光的反射是指光从一种介质射到与另一种介质的分界面上时，一部分光改变传播方向回到原介质里继续传播的现象。

在物理学中，一般把传播光的物质叫作介质，又称媒质。空气、水、玻璃等都是传播光的介质。

光在反射时遵循如下的规律：反射光线跟入射光线和法线在同一平面上，反射光线和入射光线分别位于法线两侧，反射角等于入射角，这就是反射定律。光的反射定律是几何光学中的基本规律之一，它确定了反射现象中反射光线的方位。

由于两种介质的交界面的平滑程度不一样，会出现两种不同的反射现象。如果界面非常平滑，像镜面、平静的水面等，能使平行入射光线沿同一方向平行地反射出去，这种反射叫镜面反射。如果界面粗糙不平，沿同一方向射到界面上的光线将沿不同的方向反射，这种反射叫作漫反射。人眼可以在不同方向上看见本身不发光的物体，靠的是漫反射。需要指出，无论镜面反射或漫反射，每一细束光线均遵从反射定律。

全反射原理　1870 年的一天，英国物理学家 J. 丁达尔到皇家学会的演讲厅讲光的全反射原理。为了形象地说明这个原理，他做了一个简单的实验：在装满水的木桶上钻个孔，然后用灯从桶上边把水照亮。人们惊奇地看到，放光的水从水桶的小孔里流了出来，水流弯曲，光线也跟着弯曲。

全反射的作用，即光从水中射向空气，当入射角大于某一角度时，折射光线消失，全部光线都反射回水中。表面上看，光好像在水流中弯曲前进。实际上，在弯曲的水流里，光仍沿直线传播，只不过在内表面上发生了多次全反射，光线经过多次全反射向前传播。

后来人们根据全反射原理研制成功了光导纤维。

平面镜　人们通过镜子修正自己的着装和打扮，这种日常生活中用的镜子就是平面镜。

平面镜可以是一块有平滑表面的金属板，如青铜镜；也可以是一块有平滑表面的玻璃

平面镜在潜望镜中的应用

平面镜

适当放置镜面的角度，可以实现光的曲折传递。

平面镜

板，在其一面涂上银或其他发亮的金属做成，俗称玻璃镜。平面镜可以成像，也可以用来控制光路。

根据光的反射定律，物体发出的光（包括反射光）经平面镜反射后所成的像，是正立的虚像，像和物体等大，且对称于镜面，这使人看起来好像光是从镜子后面出来似的。平面镜可以用来改变光线的行进方向，所以常用来控制光路，简单的潜望镜就是

利用平面镜改变光线的行进方向达到潜望的目的。

球面镜　汽车驾驶室外面的后视镜，镜面像球的外表面；五官科医生头上戴的镜子，镜面像球的内面，这些都是球面镜。

镜面的反射面是球面一部分的面镜就是球面镜，它是工程上常用的一种反射镜。用球面的凹面做反射面的叫作凹面镜（简称凹镜），用球面的凸面做反射面的叫作凸面镜（简称凸镜）。凹镜对光有会聚作用，凸镜对光有发散作用。

利用凹面镜对光的会聚作用，可以使反射光束更为集中，像探照灯、汽车头灯等都利用了这一点。太阳灶、太阳炉用凹面镜聚集阳光，更有效地利用太阳能。利用凸面镜的发散作用，可以扩大观察范围，因此汽车的后视镜都做成凸面镜，以提高行驶的安全性。

太阳灶　日常生活中，如果不用木柴、煤炭、汽油、液化石油气等燃料燃烧来获取热量，就可以避免燃料燃烧对环境的污染。利用太阳能就是一种好的方案。

太阳灶是利用大面积凹面镜做成的。它把太阳光会聚于凹面镜焦点处，再反射到锅底上对锅里的食品加热。

太阳炉的原理与太阳灶相同，只是凹面镜面积更大一些，聚集的太阳能更多一些。如果采用涂铝涤纶薄膜作为反射材料制成伞形太阳灶，则便于携带，适合野外使用。

光的折射　将一根筷子倾斜插入装满水的杯子里，会发现筷子不再是直的，在水里的部分看起来向上偏折了一个小角度，这是光的折射造成的现象。

光在同一种均匀介质里是沿直线传播的。当光由第一种介质射到与第二种介质相接的分

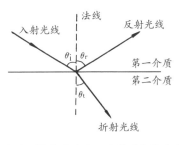

界面上时，可能会有一部分光进入到第二种介质里，而且传播的方向也可能发生改变，这种现象称为光的折射。

光的折射遵循折射定律：折射光线位于入射光线和法线所决定的平面内；折射光线与入射光线分处在法线两侧；如果光线是从真空斜射入某一种介质时，则折射角小于入射角；如果光线从某一种介质斜射向真空时，若有折射光线，则折射角大于入射角。

光的折射定律是1621年荷兰科学家 W. 斯涅耳在实验中发现的，所以又称斯涅耳定律。光的折射定律是几何光学的基本定律之一。日常生活中，光的折射现象普遍存在，如人在岸上看到的水深要比真实水深显得浅一些。光的折射有很多应用，如放大镜、眼镜、望远镜等都利用了它的原理。

海市蜃楼

1988年6月17日，从14时20分到19时左右，在山东省蓬莱阁北面100多千米的辽阔海面上，出现了忽而是多孔桥、忽而是从未见过的岛屿的奇景，其间有清晰的高楼大厦，周围有冒烟的烟囱等种种奇观，这就是海市蜃楼。

海市蜃楼

海市蜃楼是大气中的一种光学现象，是指出现在空中、海上或地面附近及地平线下的比较少见的奇异幻影。海市蜃楼的形成过程是：当地面强烈的增热或强烈的辐射冷却时，近地面层的空气密度差异很大，地面景物的光像在这种密度不同的空气中传播时，由于光线的反射率、折射率的强烈变化，使曲线投影到很远的地方成像，从而形成海市蜃楼。

旅行者在沙漠中旅行、航海者在海洋上航行时，都可能见到海市蜃楼。海市蜃楼是光连续不断地折射和全反射形成的。

光谱

光谱是光源所发出的光波经分光仪器分离后，各种不同波长成分的有序排列。光谱是研究和认识微观世界的重要手段。光谱的种类很多，按波长范围可分为可见光谱、

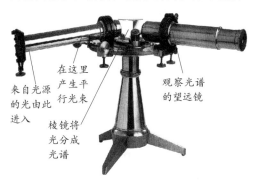

1859年，由德国化学家 R.W. 本生和物理学家 G.R. 基尔霍夫发明的分光镜，可以将光分解成能够拍摄和测量的线性形式。

红外光谱、紫外光谱等；按产生的方式可分为发射光谱、吸收光谱、散射光谱等；按光谱形态可分为连续谱、线状谱、带状谱等。

物体发光直接产生的光谱叫作发射光谱。发射光谱有连续谱和线状谱，其中连续谱为炽热的固体、液体和高压气体发射的光谱，线状谱为稀薄气体发射的光谱。高温物体发出的白光通过低温物质时，某些波长的光被物质吸收后得到的光谱叫作吸收光谱。太阳

光谱是典型的吸收光谱。无论是线状谱还是吸收光谱都可以用来做光谱分析。光谱分析可以鉴别物质和确定物质的化学组成，是重要的化学检测手段。

三棱镜 光学中常用一种横截面为三角形的棱镜，这就是三棱镜，简称棱镜。三棱镜

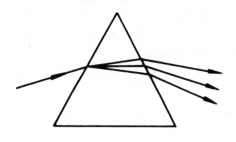

三棱镜分光原理图

是一种折射棱镜。它的作用主要是改变光的行进路线，即改变光路。1666 年，物理学家 I. 牛顿用三棱镜发现了光是由红、橙、黄、绿、青、蓝、紫 7 种颜色组成的。

三棱镜中横截面是等腰直角三角形的棱镜叫全反射棱镜。在光学仪器里，常用全反射棱镜改变光线的传播方向，也常用在发生全反射处，如用在潜望镜中。在光学分析中要使用分光镜，其中有一块三棱镜，目的是让复色光通过三棱镜后形成一条彩色光带。

色散 手持一只三棱镜在阳光下缓缓转动到某一位置，可以看到太阳光（白光）变成了红、橙、黄、绿、青、蓝、紫各色光组成的光带。手拿一块厚玻璃在阳光下转动到有棱处，也会看到阳光被分为七色光的现象。我们把按一定次序排列的彩色光带叫作光谱。光谱的产生表明白光是由各种单色光组成的复色光。

复色光分解成单色光而形成光谱的现象叫作光的色散。光的色散是光和物质相互作用的结果。能够发生色散的光叫复色光，不能发生色散的光叫单色光。

光的色散中，各色光通过棱镜时的偏折角度不同，表明各色光以相同的入射角射入棱镜时产生的折射角不同，可见棱镜材料对于不同的色光有不同的折射率。由于红光的偏折角度最小，紫光的偏折角度最大，说明棱镜材料对红光的折射率最小，对紫光的折射率最大。各色光在同一介质中的折射率不同，是因为它们在同一介质中的传播速度不同，红光的传播速度最大，紫光的传播速度最小。

物体的颜色 自然界中，各种各样的物体显示着丰富多彩的颜色，如碧绿的树叶、白色的梨花、粉红色的桃花……它们使世界变得五彩缤纷。

颜色是眼睛对不同波长的光的感觉。物体的颜色是由射入到人眼睛中的光波的频率决定的。自然界的物体具有多层次，其产生的颜色也很复杂。例如，阳光照射树叶时，树叶中的叶绿素吸收了阳光中的红色光和蓝色光，而把绿色光反射出来，人们看到的树叶就是绿色。石灰墙把所有的光都反射回来，它就成了白色，把所有光都吸收的物体当然就是黑色的了。

物体颜色的成因是复杂的。不透明物体，往往以反射光的颜色显示为物体的颜色，如树叶的颜色。透明物体，往往以透射光的颜色显示为物体的颜色，如白光通过紫色玻璃，使其呈现紫色。透明的海水是通过散射而呈现出蔚蓝色，彩虹是云层中的小水珠折射阳光产生的。

三原色 人们所处的世界是个色彩缤纷的世界，哪怕只是环顾一下自己的四周，你就能发现许多颜色。科学家们发现，人们的眼睛看到的各种颜色可以用 3 种基本的色光组合得到。这 3 种基本的色光就是红色、绿色

和蓝色，人们称它们为三原色，也称三基色。

光的三原色示意图

将三原色按照不同的比例加以混合，就可以得到不同的色彩。如把红色和绿色混合就得到黄色，绿色和蓝色混合就得到青色，红色和蓝色混合就是紫色，而红、绿、蓝3种色光混在一起就是白色。三原色的原理在实际生活中有很多应用，如彩色电视机的显像管、彩色照片就是实例。

一次色　美术工作者用颜料作画，颜料有不同颜色的主要原因是它们有独特的选择吸收某种色光的特性，如黄色颜料吸收蓝色，紫色颜料吸收绿色等。正是这种原因，对颜料的三原色的确定就与物理的三原色有所差别。

在绘画中，红、黄、蓝被称为颜料的三原色或一次色。绘画时，可用三原色的颜料调配成各种颜色。彩色印刷时，也是将三原色的颜料调配成各种颜色，加以使用。

透镜　视力差时需要佩戴近视镜或老花镜等眼镜，生物实验需要显微镜，天文观测需要望远镜，这些都离不开透镜。

透镜是由透光材料（如光学玻璃、水晶、

| 凸透镜 | 双凸 | 平凸 | 平弯月 |
| 凹透镜 | 双凹 | 平凹 | 凹弯月 |

透明塑料等）磨制成的两个折射面都是球面，或一面是球面、另一面是平面的透明体。它是一种非常重要的光学元件。

透镜可分为凸透镜和凹透镜两大类。凸透镜是中央部分比边缘部分厚的透镜，对光线有会聚作用。凹透镜是中央部分比边缘部分薄的透镜，对光线有发散作用。

透镜的中心一般叫作光心。过构成透镜的两个球面的球心的连线或过构成透镜的一个球面的球心并垂直于另一平面的直线叫作透镜的主光轴。对于薄透镜，主光轴一定过光心。

平行于主光轴的入射光线经凸透镜折射后会聚于凸透镜另一侧主光轴上的一点，这一点就是凸透镜的焦点。对于凹透镜，平行于主光轴的入射光线经凹透镜折射后是发散的，但折射光线的反向延长线交于主光轴上一点，这一点就是凹透镜的焦点。由对称性可知，凸透镜和凹透镜都有两个焦点，它们以光心为对称点，位于透镜两侧的主光轴上。

从透镜的焦点到光心间的距离，叫作透镜的焦距。透镜的主要用途是成像。透镜成像中，当物体的位置改变时，像的位置、大小、性质随之改变。

实像与虚像　像是从物体发出的光线经光学器件（透镜、反射镜、棱镜等）后所形成的与原物相似的图像。

像有实像和虚像两种。实像是指从物体发出的光线经光学器件后实际的反射光线或折射光线会聚而成的像，可以在屏幕上呈现出来，如照相底片上、电影屏幕上所成的像是实像。虚像是指物体发出的光线经光学器件后的反射光线或折射光线的反向延长线相交而成的像。由于虚像不是实际光线的交点形成的，所以不能在屏幕上显现出来，只能用眼睛观察或拍照下来，如平面镜、近视眼镜、望远镜等助视仪器观察到的物体的像都是虚像。

透镜成像中，凹透镜只能成正立缩小的虚像；凸透镜在物距（物体到透镜的距离）大于焦距时成放大或缩小的倒立的实像，在物距小于焦距时成正立放大的虚像。

眼镜　近视镜、老花镜、太阳镜等各式各样的眼镜为保护眼睛、矫正视力、装扮人生起了重要作用。

矫正视力的眼镜有近视镜和老花镜，分别用来矫正近视眼和远视眼的视力。近视眼和远视眼都是物体成像不在视网膜上，眼镜片可以使物体的图像准确地落在视网膜上，使眼睛看物体更清晰。如远视眼是平行光的会聚点落在视网膜后，佩戴凸透镜后使光会聚，像落到视网膜上。

眼镜除了可以矫正视力，还可以用来保护眼睛。如炼钢、化学实验等行业的工作者，工作时佩戴特殊的眼镜保护眼睛，防止受到强光照射或有害物质侵袭。夏天戴墨镜或变色镜可使眼睛不受太阳光刺激。变色镜是在镜片上涂一层特殊的化学物质，可以根据光的强弱而改变镜片颜色，随着照射光强度的增加，镜片的颜色逐渐加深。

为了某些行业的需要，为了满足人们爱美的要求，出现了不需要镜架的"隐形眼镜"。"隐形眼镜"是把有机玻璃或一些柔软透明材料制成的很小镜片直接放在人眼的角膜上。隐形眼镜必须每天清洗，以保持眼睛卫生。

近视镜　近视眼需佩戴近视镜加以矫正。

近视眼将从无穷远处射来的平行光线会聚在视网膜前，为了矫正，应该用适当的凹透镜做眼镜，使入射的平行光经凹透镜发散后再射入眼睛，会聚在视网膜上。

透镜有焦距，焦距的倒数叫作焦度，其国际单位制（SI）单位是屈光度。眼镜的度数指眼镜的焦度以度为单位的数值，1度为1屈光度的1/100。例如，焦距为40厘米的凸透镜，焦度为2.5屈光度，则用此镜片所制的远视镜的度数为250度；焦距为−25厘米的凹透镜，焦度为−4屈光度，则用此镜片所制的近视镜的度数为−400度。

光学显微镜

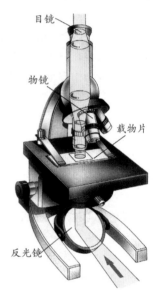

利用可见光照明的显微镜是光学显微镜。一般光学显微镜主要由1个目镜和1个物镜组成。目镜和物镜都是由几个透镜适当配置而成的透镜组，各相当于一个凸透镜。物镜焦距较短，目镜焦距较长。被观察的物体先经物镜成一放大的实像，再经目镜放大后得一放大的虚像，眼睛通过目镜观察放大的虚像。此外，显微镜中还有调焦、照明、拍摄等装置。其实显微镜是非常精密的光学仪器。

显微镜的放大过程是：反光镜发出的光通过标本反射到物镜，物镜使标本第一次放大，物镜所形成的实像再被目镜放大。

光学显微镜受分辨本领的限制，放大倍数有限（达1000倍以上），特别是当物体细小到比光的波长还小时，用光学显微镜就看不到了，这就要采用电子显微镜等仪器进行观察。

显微镜在医学、生物学、地质、冶金中都有重要用途。

电子显微镜　当被观察物体细小到病毒、分子时，光学显微镜已无法观察，就要采用电子显微镜才能观测。

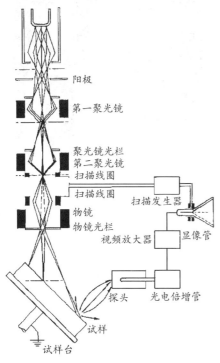

电子显微镜工作原理图

电子显微镜是利用高速运动的电子来替代光线作为工作媒质制成的一种显微镜。电子显微镜利用磁场来作透镜，根据其基本工作原理的不同，可以将它分为通用式电子显微镜和扫描式电子显微镜。通用式电子显微镜是在一个高真空系统中，由电子枪发射电子束，穿过被研究的试样，经电子透镜聚焦放大，最后在荧光屏上显示放大的图像。如果用电子束在试样上逐点扫描，然后利用电视原理进行放大成像显示在电视显像管上，被称为扫描式电子显微镜。

电子显微镜可看到单个分子、某些病毒等，它广泛应用于金属物理学、高分子化学、医学、生物学等领域。

扫描隧道显微镜　1981 年，瑞士物理学家 G. 宾宁和 H. 罗雷尔发明了扫描隧道显微镜（STM），使世人第一次有机会看到分子与原子的构造，从而揭开了物质结构的新研究领域。他们因此获得了 1986 年诺贝尔物理学奖。

STM 是 20 世纪 80 年代初期出现的一种新型表面分析工具，能够操纵原子。它的基本原理是基于量子力学的隧道效应和三维扫描。STM 工作时，用一个极细的尖针（针尖头部为单个原子）去接近样品表面，当针尖和样品表面靠得很近，即小于 1 纳米时，针尖头部的原子和样品表面原子的电子云发生重叠。此时若在针尖和样品之间加上一个偏压，电子便会穿过针尖和样品之间的势垒而形成纳安级的隧道电流。通过控制针尖与样品表面间距，并使针尖沿表面进行精确的三维移动，就可将表面形貌和表面电子态等有关表面信息记录下来。扫描隧道显微镜具有很高的空间分辨率，横向可达 0.1 纳米，纵向可高于 0.01 纳米。它主要用来描绘表面三维的原子结构图，在纳米尺度上研究物质的特性。利用扫描隧道显微镜还可以实现对表面

扫描隧道显微镜（局部）

的纳米加工，如直接操纵原子或分子完成对表面的剥蚀、修饰，以及直接书写等。

扫描隧道显微镜取得了一系列新进展，出现了原子力显微镜（AFM）、弹道电子发射显微镜（BEEM）、光子扫描隧道显微镜（PSTM），以及扫描近场光学显微镜（SNOM）等。

2002年，中国科学家利用扫描隧道显微镜成功地直接观察到分子内部结构。他们利用扫描隧道显微镜将笼状结构的碳60分子组装在一单层分子膜的表面，在–268℃时冻结碳60分子的热振荡，在国际上首次"拍摄"到能够清楚分辨碳原子间单键和双键的分子图像。

场离子显微镜

场离子显微镜比电子显微镜的放大倍数更高，可以观察到原子。

场离子显微镜出现在1951年，是由E.E.缪勒发明的一种高分辨率、可直接观察金属表面原子分布的分析装置。场离子显微镜是点投影显微镜，没有磁或静电透镜，而是由成像气体的"场电离"过程来完成成像。后又与飞行时间质谱仪组成一种联合分析仪器——原子探针场离子显微镜。

20世纪末，场离子显微镜用于观察固体表面原子的排列，研究晶体缺陷，观察原子的三维分布状况等。

望远镜

观看足球比赛时，在十几万人的体育场内坐在最后一排，看场上的运动员只能看到大的动作，很难看清运动员的脸，若要认识一下运动员，必须借助望远镜。

望远镜中有一组重要的元件就是凸透镜，其中对着观测物体的叫物镜，用来聚集光线；对着眼睛的叫目镜，用来观看已聚焦好的影像。也可用凹面镜作物镜，它也一样起聚焦光线的作用，这样的望远镜称反射望远镜。这种构造尽管使得看到的图像是倒立的，却

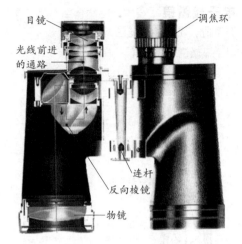

目镜　光线前进的通路　调焦环　连杆　反向棱镜　物镜

能得到高放大倍数的放大效果，一般在天文观测中用到。在军事、科学考察中使用的望远镜，是在这样的望远镜中再装上转像装置，这样就得到了正常的图像。除了透镜外，望远镜还有许多组成部分，如焦距调节、保护等装置。在天文望远镜上还要安装照相装置，星空的照片就是通过望远镜拍摄的。

常见的望远镜都是放在眼前直接观察的，还有一种特殊的望远镜，使用时观测目标先经过一组镜子的反射再进入望远镜，使观测者可以很隐蔽地进行观察。这种装置叫潜望镜。潜望镜在军事上很有用，潜水艇上都装有潜望镜。

天文望远镜

晴朗夜空星光点点，人们用肉眼所能看到的都是些较为明亮的，或是离人们较近的星星，如果要观测黯淡遥远的星体，就用到了天文望远镜。

开普勒天文

牛顿用球面反射镜代替非球面透镜作为主镜，制成了反射式望远镜，这种设计原理沿用至今。

望远镜是德国天文学家 J. 开普勒于 1611 年发明的，它由焦距长的物镜和焦距短的目镜组成，二者均为会聚透镜，且目镜的前焦点与物镜的后焦点重合。物镜得到天体的倒立缩小的实像，目镜再成放大的虚像，人眼看到的是放大的虚像。

反射望远镜是英国物理学家 I. 牛顿于 1668 年发明的。他用一面很大的凹面镜作物镜，将天体射来的光线向凹面镜的焦点会聚，再由一面小平面镜反射会聚成实像，再经旁边的目镜（会聚透镜）放大。

天文望远镜在天文学研究中起着重要作用，人们利用它观察宇宙，获得了许多重要的发现。

电影放映机　我们平时在电影院里看的电影，是通过电影放映机把拍好的影片投射到银幕上的。

电影放映机放映时，同时进行两项工作，一是将电影胶片的画面放大并连续快速地投射到银幕上，形成活动的画面；二是将电影

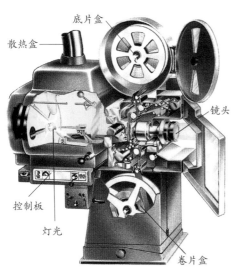

电影放映机工作时，电流通过灯丝发出强烈的白光，足够将一个明亮的影像投射到大屏幕上。

胶片上记录下来的声音信息还原出来，二者同步进行，就出现逼真的效果。

为了达到某些特定的效果，还常常采用一些特殊放映形式，如环幕电影、穿幕电影、巨幕电影、全息电影等。全息电影是用激光的干涉来记录影像和重现影像的，影像是立体的，有纵深感。1976 年在莫斯科举行的国际电影技术会议上放映了第一部全息电影。

立体电影　立体电影是让观众从银幕上看到有立体感影像的电影。根据人分别用左、右眼看到的景象的差别，用并列的两台摄影装置分别代表人的左、右眼，同时摄取两个影像，将这两个由于视点不同略有偏差的影像，分别由两台电影机同时放映在银幕上。观众观看时戴上特殊的眼镜，使每只眼睛只能对应看到一台放映机放映的画面，两眼看到的画面反映到大脑里就形成很强的立体感，产生身临其境的效果。也有不戴特制眼镜的立体电影，产生立体感的是光栅银幕。1960 年 11 月至 1966 年 6 月，上海天马电影制片厂拍摄的第一部立体彩色故事片《魔术师的奇遇》放映了 1 万多场，观众达 400 多万人次。

小孔成像　在有针孔的挡板两侧，分别置放物体（如点燃的蜡烛）和光屏，适当调整后，就会在光屏上看到烛焰倒立的实像，这就是小孔成像。小孔成像说明了在同一种均匀介质里光是沿直线传播的。

显然，当物体到小孔的距离（物距）小于小孔到屏的距离（像距）时，成缩小倒立的实像；当物距等于像距时成等大倒立的实像；当物距大于像距时成放大倒立的实像。

数码照相机　20 世纪末出现了一种不用胶卷的照相机——数码照相机。此后，数码照

相机的品种不断翻新。其中既有厚度不到 9 毫米的超薄相机，也有与专业单反胶卷照相机功能相媲美的单反数码相机。

数码照相机又称电子照相机。这种照相机在摄像形成技术上与传统的照相机相同，仍具有镜头和机身，并须先行摄制景物的光学影像，所不同的是它不用胶卷来记录图像，而是把拍摄下来的图像经电磁转换成数字信号，记录在机内的磁盘里。需要观看时，可直接用电脑显示出来，或用打印机输出图像。

数码照相机可以照出高质量图片，还可以用电脑进行后期加工、远距离传输，也便于保存等。

激光　激光是 20 世纪科技的重大发现。1917 年 A. 爱因斯坦提出基本原理，1960 年，美国物理学家 S. 马曼制造出红宝石激光器。他将一根人造红宝石棒的两端镀上铝，并在周围放上闪光管，管内发出的光使棒中的一部分原子受激发光。由于两个反射端的阻挡，更多的原子受激，就产生了第一次激光脉冲。1961 年 9 月中国科学院长春光学精密机械研究所研制成功中国第一台红宝石激光器。

激光不是一种天然光，是基于受激发射

红宝石激光器

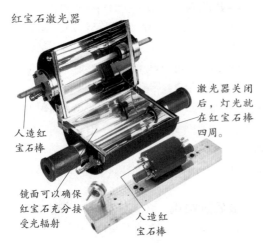

人造红宝石棒

激光器关闭后，灯光就在红宝石棒四周。

镜面可以确保红宝石充分接受光辐射

人造红宝石棒

放大原理而产生的一种相干光辐射，为"受激辐射光放大"的简称。能够发射出激光的实际技术装置被称为激光器。激光器主要由工作物质、能量激励装置、光学谐振腔三部分组成。激光器的工作物质有红宝石、二氧化碳、氦氖等。激光器工作时，工作物质从能量激励装置得到能量，再把获得的能量用光的形式放出，放出的能量在光学谐振腔中来回振荡，不断被放大，就形成了激光。激光器常以使用的工作物质命名，如常用的红宝石激光器、氦氖激光器等。

激光具有以下特性：①方向性好，即激光束的光线平行度好；②单色性强，即激光器发射的光都集中在一个极窄的频率范围内；③相干性好，即激光是最好的相干光；④亮度高，即激光能在很短的时间内把很大的能量集中在很小的面积上。

激光有广泛的应用，如：激光雷达可用在导航、气象、天文、大地测量、宇宙技术、军事等方面；激光"刀"可用在医学手术上；还有激光通信，激光遥测，激光打孔、切割、焊接，全息摄影，激光照（相）排（版）印刷，激光唱片等。

激光武器　激光武器是利用激光束摧毁飞机、导弹、卫星等目标或使之失效的定向能武器，亦称激光炮。根据作战用途分为战术激光武器和战略激光武器两大类。根据能量强弱常常在实际中分为强激光器和弱激光器。激光武器主要由高能激光器、精密瞄准跟踪系统和光束控制与发射系统组成。激光武器的优点是：激光束以光速传播，命中率极高；激光束质量近于零，几乎没有后坐力，能迅速变换射击方向，可在短时间内拦击多个目标。激光武器拦截低空快速飞机和战术导弹，在反战略导弹、反卫星以及光电对抗等方面，能发挥独特作用。

激光武器的研究始于 20 世纪 60 年代初。

开展这一领域研究的国家主要有美、俄、法、德和中国等。

激光通信　通信技术发展迅速，现已发展到利用激光来传递各种信息，这就是激光通信。

激光通信又称光纤通信，它是用极细的玻璃光导纤维制成的光缆代替金属电缆，用激光作载波代替电流来传递信息。

与以往的通信技术相比较，激光通信有4个显著特点：信息容量大（一束光导纤维可容纳100亿路电话）；通信质量高（声音清晰，数据准确）；传递图像色彩逼真；保密性能好。

光导纤维　铺设1000千米的同轴电缆大约需要500吨铜，改用光纤通信只需几千克石英就可以了。沙石中就含有石英，几乎是取之不尽的。

光导纤维是一种由石英玻璃制成、能传输光线、结构特殊的玻璃纤维，简称光纤。也有少数是由合成树脂制成的高分子光导纤维。不论纤维如何扭曲，当光线以合适的角度射入光纤时，光就沿着弯弯曲曲的光纤前进，大部分光线可以经光纤传送至另一端。1926年和1927年，英国人G.L.贝尔德和美国人C.W.汉塞尔分别申请了有关可绕透明石英纤维束的专利。

光导纤维组成的色彩变幻的孔雀开屏

光导纤维分为无机光导纤维和高分子光导纤维。多股光导纤维做成的光缆可用于通信，它的传导性能良好，传输信息容量大，1条通路可同时容纳10亿人通话，并可以同时传送千套电视节目。光导纤维内窥镜可导入人的心脏和脑室，测量心脏中的血压、血液中氧的饱和度、体温等。用光导纤维连接的激光手术刀已在临床应用，并可用作光敏法治癌。

全息照相　用一般照相机照出的图像是平面的，而利用激光技术进行的照相可以记录被摄物体反射或透射光波中的全部信息（振幅、位相），所以称它为全息照相，又称全息摄影。全息照相是利用激光的相干性好这一特性，利用干涉记录下全部信息。

在全息照片上看到的物体具有立体感，改变观看角度还可以看到物体的侧面甚至背

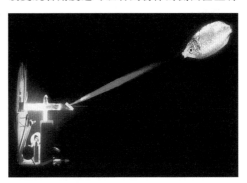

偏轴式全息摄影所使用的仪器

面，做到了栩栩如生。

全息摄影的特点之一就是必须在相同相干性的激光下欣赏，否则就无法重现原来底片上所记录的三维立体影像。

遥感　气象部门进行天气预报时需借助天气云图。云图是通过气象遥感卫星拍摄的，也就是通过卫星对天气要素进行遥感测量得来的。

遥感是在高空或远距离处，利用传感器接收物体辐射的电磁波信息，经加工处理后

得到用电子仪器或电子计算机能够识别的图像，揭示被测物体的性质、形状和变化动态。

辽东湾海冰遥感图像

遥感系统由遥感器、遥感平台、数据传输系统以及图像处理和判读设备组成。遥感器由许多测量仪器组成，它们能够把记录被测物体的物理、化学和生物信息的电磁感应波测量出来，然后将其转换为遥感图像或数据；与人的视觉系统相似的数据传输系统将数据通信、数据信息送给处理和判读设备；信号处理和判读设备与人的大脑相似，对传送来的信号进行分析处理然后就能将测量物体清晰地显示出来。

遥感平台是安装遥感器的飞行器，最早使用的是气球和飞机，后来又使用卫星和航天飞机。根据遥感器工作的电磁感应波段，遥感分为可见光遥感、红外遥感、多谱段遥感、紫外遥感和微波遥感等。根据遥感平台，可将遥感分为航空遥感和航天遥感。航空遥感是在飞机或气球上对地面进行遥感；航天遥感是在人造卫星、宇宙飞船或火箭上对地面进行遥感。

遥感技术有着广泛的应用。如进行国土调查、矿业探查、农业和林业资源探查、监测水文、监测污染源、气象预报、海洋监测、军事侦察等。

波谱特性　遥感时，没有与目标物体直接接触却可以在远处感知到目标物体，这是由于物体的波谱特性为遥感提供了依据。

所有的物体甚至空气等都能够反射和辐射电磁波，而这些电磁波又记录着物体的物理、化学性质，物体的这种特性被称为物体的波谱特性。

所以，测出物体的波谱特性，就可以知道这是什么物体以及它有什么样的特性了。

红外遥感　红外遥感利用了红外线的特性，如根据一切物体都在辐射红外线，不同物体辐射的红外线的波长和强度不同，可用灵敏的红外线探测器接收，然后用电子仪器对接收信号进行处理，就可察知被测物体的特征并转变成物体的图像。

红外遥感利用红外线容易透过烟雾和尘埃的特性，可发现隐藏在树丛中的人员和车辆，甚至驶过汽车的热痕、水中的目标都可被发现，还可在夜间工作。所以，红外遥感在许多领域都有应用。

原子核物理学和粒子物理学　人类很早就开始了对物质结构的探索。只是在近两三百年里，人们才认识到：我们周围的一切物质都是由元素组成的，每一种元素都有化学性质相同的原子。在科学实验的基础上，人们发现了电子、质子和原子核，并逐步形成了原子模型概念，认识到原子是由原子核与核外运动的电子所组成。系统地研究原子和原子核的结构及其变化规律，产生了近代物理学中的一门新的分支学科——原子核物理学。

原子核物理学主要研究核的结构和变化规律，以及同核能、核技术相关的物理问题。它是一门既有深刻理论意义，又有重大实践意义的学科。通过对核物理的研究，人们发现原子核也可以发生多种变化。在对原子核的研究中，人们进一步发现原子核还可以继续分成更小的微粒，比原子核还小的微粒称为基本粒子。这就又产生了一个更新的学科——粒子物理学。粒子物理学又称高能物理学，是研究基本粒子的性质、相互作用和转化等的一门学科。

粒子物理学使人们的认识深入到亚原子（或亚原子核）阶段，了解到物质的最小构成单元不再是分子、原子，而是夸克和轻子（电子是其中的一种）。认识的尺度分别缩小到原来的10亿分之一（相对于原子）和万分之一（相对于原子核）。事物是不断发展的，认识是无止境的，对构成物质结构的最小单位的了解是不断深化的。原子核物理学今后研究的重点有两个：核素与核反应。基本粒子物理学未来的发展方向主要有三个方面：探索更基本的建筑积木、探索自然界基本规律的统一、高能粒子能量的开发问题。

原子钟　目前世界上最准确的计时工具就是原子钟，它是20世纪50年代出现的。1955年，由英国物理学家L.埃森和同事帕里在国家物理实验室发明的原子钟，通过电传感铯原子的振动来工作，300年误差不到1秒。原子钟是利用原子的一定共振频率而制造的

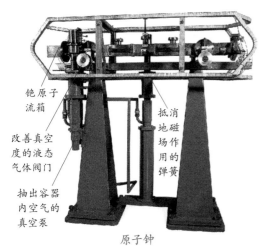

铯原子流箱

抵消地磁场作用的弹簧

改善真空度的液态气体阀门

抽出容器内空气的真空泵

原子钟

精确度非常高的计时仪器。原子钟的电子元件被某种原子或分子在量子跃迁（能级改变）时发射或吸收的电磁波辐射的频率所调制。由于这种电磁波非常稳定，再加上利用一系列精密的仪器进行控制，原子钟的计时就可以非常准确了。现在用在原子钟里的元素有氢、铯、铷等。

由原子钟导出的时间叫原子时。原子时计量的基本单位是原子时秒。1967年第13届国际计量大会决定用铯原子钟导出的时间作为时间计量的标准，其定义为：1秒等于地面状态的铯133原子对应于两个超精细能级之间跃迁的9192631770个辐射周期所持续的时间。

根据原子时秒的定义，任何原子钟在确定起始历元后，都可以提供原子时。由各实验室用足够精的铯原子钟导出的原子时称为地方原子时。目前，全世界大约有30多个国家和地区的不同实验室分别建立了各自独立的地方原子时。国际时间局比较、综合世界各地原子钟数据，最后确定的原子时，称为国际原子时。

核裂变　核能是20世纪出现的新能源。核科技的发展是人类科技发展史上的重大成就。通过核物理的研究，人们发现原子核也是可以发生多种变化的。目前已经知道原子核可以发生两种变化：核裂变和核聚变。

核裂变是一个原子核分裂成几个原子核的变化。只有一些质量非常大的原子核像铀、钍等才能发生核裂变。这些原子的原子核在吸收一个中子以后会分裂成两个或更多个质量较小的原子核，同时放出2～3个中子和很大的能量，又能使别的原子核接着发生核裂变，这种裂变可以持续进行下去，这种过程称作链式反应。

原子核在发生核裂变时，释放出巨大的能量，称为原子核能，俗称原子能。1克铀

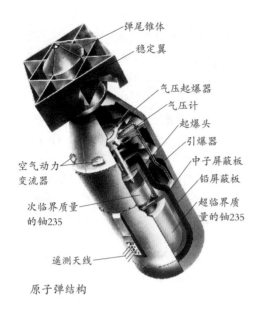

弹尾锥体
稳定翼
气压起爆器
气压计
起爆头
引爆器
空气动力
变流器
中子屏蔽板
铅屏蔽板
次临界质量
的铀235
超临界质
量的铀235
遥测天线

原子弹结构

235 完全发生核裂变后放出的能量相当于燃烧 2.5 吨煤所产生的能量。

　　原子弹的巨大威力就来自核裂变产生的巨大能量。1945 年 8 月 6 日上午 9 时 15 分，被美国空军投掷在日本广岛的名为"小男孩"的原子弹，是人类历史上第一颗使用于军事用途的原子弹。美国是世界上第一个拥有原子弹的国家，也是第一个使用原子弹的国家。现在世界上拥有核武器的国家正在增多，为了人类的和平与发展，全世界都在呼吁禁止制造和试验核武器。当然原子能不仅仅能制造核武器，它也能为人类造福。利用原子核裂变产生的巨大能量进行发电，是我们和平利用原子能的有效途径。现在世界上已有几百座核能发电站，核电站所发出的电力，在我们的工农业生产和生活中发挥了重大作用。

核聚变

比原子弹威力更大的核武器——氢弹，就是利用核聚变制造出来的。

　　核聚变能是两个较轻的原子核结合在一起时，由于发生质量亏损而放出的能量。核聚变的原料是海水中的氘（重氢）。早在 1934 年，物理学家 E. 卢瑟福、奥利芬特和 E. 哈尔特克就在静电加速器上用氘 - 氘反应制取了氚（超重氢），首次实现了聚变反应。核聚变会放出比核裂变更加巨大的能量。太阳内部连续进行着氢聚变成氦的过程，它的光和热就是由核聚变产生的。

　　核聚变能释放出巨大的能量，但目前人们只能在氢弹爆炸的一瞬间实现非受控的人工核聚变。要利用人工核聚变产生的巨大能量为人类服务，就必须使核聚变在人们的控制下进行，这就是受控核聚变。2004 年美国宣布研发出了利用核反应堆制氢的技术，并认为这是氢能源生产领域的一项重大突破。中国受控核聚变装置——中国环流器二号，继 2006 年取得等离子体温度 5500 万℃的成绩后，在 2007 年的实验中又取得新的成果。

核电站

核能是更为清洁的能源。怎样才能掌握控制核能转变的方法，让核能为人类服务呢？建立核电站就是方法之一。

　　核电站是在原子核反应堆中利用可控核裂变释放出的能量来发电的。核电站大体可分为两部分：一部分是利用核能生产蒸汽的核岛，包括反应堆装置和一回路系统；另一部分是利用蒸汽发电的常规岛，包括汽轮发电机系统。核电站用的燃料是铀。用铀制成的核燃料在一种叫"反应堆"的设备内发生裂变而产生大量热能，再用处于高压力下的水把热能带出，在蒸汽发生器内产生蒸汽，蒸汽推动汽轮机带着发电机一起旋转，电就源源不断地产生出来，这就是最普通的压水反应堆核电站的工作原理。

　　世界上最早的核电站是 1954 年在苏联建成的。现在世界上已有 400 多座各种类型的核电站。在一些国家，核电站的发电量已占据整个国家全部发电量的很大比例。中国已经形成浙江秦山、广东大亚湾和江苏田湾等核电基地，共有 44 台核电机组投入运行。2005 年 1 月 16 日中国宣布，中国力争在 2020 年左右建成原型快堆核电站。快堆是当前唯一能实现核燃料增值的先进堆型，可将天然铀资源的利用率从压水型反应堆的约 1% 提高到 60% ～ 70%。中国正在运行和建设的核电站大多是压水堆或重水堆。中国核电站国产化的各项指标已升至 70%。随着完全掌握核电安装建造中的核心关键技术，中国已经具备独立自主建造大型商用核电站的能力。

基本粒子　在 20 世纪初，人们认为原子是组成物质的最小粒子，后来发现原子还可以再进一步分成原子核和核外电子两部分。进一步研究发现原子核是由中子和质子组成的，也就是说，中子和质子是比原子核还小的粒子。人们还发现了许多比原子核还小的粒子，就把它们称作"基本粒子"。

基本粒子是构成物质的最基本的组分，泛指比原子核还要小的物质单元，包括电子、中子、质子、光子以及在宇宙射线和高能原子核实验中发现的一系列粒子。自 1897 年物理学家 J.J. 汤姆孙发现电子以来，已发现有几百种基本粒子。根据基本粒子的质量、寿命、自旋以及参与的相互作用等性质，可将其分为轻子、强子（重子、介子），以及相互作用的传递子等。许多基本粒子都有对应的反粒子。一对正反粒子相遇时，会同时消失而转化为其他粒子，这种现象叫作湮灭（湮没）。

现在，人们已经意识到，"基本粒子"也不是组成物质的基本单元，它也是由更"基本"的微粒组成的。科学家们正努力探索，继续深入了解物质组成的秘密。

电子　电子的"尺寸"是非常小的，一般情形下，都可以视作点电荷。

电子是带有单位负电荷的一种基本粒子，是人们最早发现的基本粒子。所有原子都是由一个带正电荷的原子核和若干带负电荷的电子组成的。

"电子"这个名词，是 1881 年物理学家 G.J. 斯托尼提出来的。他依据法拉第电解定律，认为任何电荷都由基元电荷组成，并给电荷的这一最小单位取名为电子。

1897 年，英国物理学家 J.J. 汤姆孙作出结论：阴极射线是由比氢原子小得多的带负电的粒子所组成。由于一系列成功的实验，他被科学界公认是电子的发现者。电子的发现揭示了原子具有内部结构，打破了千百年来认为原子是组成物质的最小单元的学说。

夸克　基本粒子如此之多，难道它们真的都是最基本、不可分的吗？近年来这是科学家们一直在研究的问题。

已有大量实验事实表明至少强子是有内部结构的。1964 年，美国科学家 M. 盖尔曼借用文学著作中的名字对 3 种粒子进行命名，提出了夸克模型，认为介子是由夸克和反夸克所组成，重子是由 3 个夸克组成。他因此获 1969 年诺贝尔物理学奖。在 20 世纪 70 年代初，人们设想有 3 种"味道"的夸克。这 3 种夸克被异想天开地称作"上""下""奇"。后来，出现了更多的强子，又多出了第四种夸克，即"粲"夸克。近年来发现了更多的基本粒子，人们认为还得有另外两种夸克："顶"夸克和"底"夸克。人们可以借助详细的夸克计算获得对很多粒子系统的了解。2003 年，有 3 个国际科学家小组相继发现了一种被称为"五夸克"的基本粒子。这一新发现的基本粒子包括 4 种夸克和 1 种反夸克。

S. 温伯格和 A. 萨拉姆等以夸克模型为基础，完成了描述电磁相互作用和弱相互作用的弱电统一理论。他们因此而获 1979 年诺贝尔物理学奖。1990 年，J. 弗里德曼、H. 肯德尔和 R. 泰勒因在粒子物理学夸克模型发展中的先驱性工作而获诺贝尔物理学奖。

放射性同位素

铝核被 α 粒子击中后发生的反应中，生成物是磷的一种同位素，它有放射性，像天然放射性元素一样发生衰变，衰变时放出正电子。这种具有放射性的同位素，叫作放射性同位素。人工方法得到放射性同位素是一个重要的发现，使人们知道能够制造放射性同位素，不再受天然放射性同位素只有 40 多种的局限，使放射性同位素的应用更广泛。放射性同位素的应用主要有两大类：一是利用它的射线，二是作为示踪原子。

核磁共振

核磁共振是测定原子的核磁矩和研究核结构的直接而又准确的方法，是物理、化学、生物学研究中一项重要的实验技术，在遗传学、计量科学、石油分析中有重要应用。

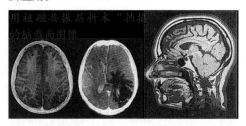

用核磁共振层析术"拍摄"的脑截面图像

核磁共振是指具有磁矩的原子核在恒定磁场中由电磁波引起的共振跃迁现象。核磁共振的发现，跟核磁矩的研究紧密相关。分子束磁共振方法在 1945 ～ 1946 年间取得了突破性的进展。通过磁共振的精密测量，1946 年 E.M. 珀塞耳用吸收法、F. 布洛赫用感应法几乎同时发现物质的核磁共振现象。

利用功能性核磁共振成像技术对人类大脑的成像是该领域的一项最新突破，如追踪中风病人重新恢复活动能力时的大脑活动的变化。

粒子加速器

粒子加速器是科学家用来轰开基本粒子大门的"大炮"。该设备是一个能将其内部粒子的速度提高到接近光速的管状设备，它还能将粒子分裂，从而研究宇宙的微小粒子。

粒子加速器是研究原子核和基本粒子的重要设备，近年来，在工农业和医疗卫生领域中的应用也日益广泛。按粒子运动的轨道形状，可分为直线形和圆形加速器两大类，前者有高压倍加器、静电加速器和直线加速器，后者有电子感应加速器、回旋加速器、质子同步加速器等。

美国费米国立加速器实验室的一台质子同步加速器，可以把质子加速到 500 吉电子伏。目前欧洲核子研究中心建造的世界最大粒子加速器于 2005 年建成，单束粒子流能量可达 7 万亿电子伏。

中国在第八个五年计划期间建成的三大加速器——北京正负电子对撞机、兰州重离子加速器、合肥同步辐射装置，为科学研究提供了高性能的实验手段，并在高能物理、核物理领域取得了重大科研成果，如轻子质量的精确测定和新核素的发现等，使中国在这一领域的研究进入到国际先进行列。

对撞机

通常的粒子加速器不论用什么方法加速，最终都是用高能粒子去轰击静止的目标，这样只有很少一部分能量被用来促使粒子发生反应。随着研究的深入，需要设法使高能粒子的能量更多地被用来发生反应，对撞机就是为了这个目的建造的。

对撞机是高能粒子加速器的一种，是研究核物理、高能物理，认识微观世界的一个重要工具。它能加速、积累、储存带电粒子

北京正负电子对撞机的中央控制室（杨武敏 摄）

并在其中使两束相向运动的粒子对撞。高真空的存储环是对撞机最重要的组成部分，正负电子正是在这里做接近光速运动，然后在指定点对撞的。按对撞的粒子种类，有正负电子对撞机、电子-质子对撞机、质子-反质子对撞机等。

1989 年 11 月 13 日，当时世界上最大的粒子加速器——欧洲"莱泼"正负电子对撞机建成。中国的对撞机工程是在 1981 年正式启动的。研制正负电子对撞机涉及科技的许多领域，如高频、微波、高真空、精密加工、磁铁、控制、计算机系统等，这对当时的国力和科技水平是一个考验。1988 年 10 月 16 日，北京正负电子对撞机首次对撞成功，这是中国研制成功的第一台正负电子对撞机。北京正负电子对撞机的对撞成功，是继"两弹一星"之后中国科技史上的一次重大突破，标志着中国的粒子物理研究又迈上了一个新的台阶，使中国在世界高科技领域占有了一席之地。2004 年，北京正负电子对撞机重大改造工程取得了很大进展，部分设备已进入批量生产阶段。直线加速器安装、调试均严格按计划进行，并于 2004 年 11 月 19 日顺利出束，具备了提供束流实验的能力。同步辐射用户于 2004 年 12 月 26 日陆续开始做实验。改造后的对撞机效率提高 100 倍，在世界同类装置中继续保持领先地位。

2004 年初，英国政府投巨资进行新一代直线对撞机的建设。新一代直线对撞机是在一端产生电子，另一端产生电子的反物质——正电子，两组粒子通过对撞机中的电磁场加速并聚焦为直径不到 10 亿分之一米的粒子束，然后让这两种高速运行的粒子束相互碰撞。粒子束在湮灭过程中将产生大量的包括希格斯玻色子在内的较小粒子。2013 年，科学家通过分析 2008 年启用的大型强子对撞机记录的粒子痕迹，确认发现希格斯玻色子的踪迹。

全球卫星定位系统　1995 年 6 月，一位美国飞行员驾机在萨拉热窝以北上空执行北约禁飞区计划时，飞机被塞族军队的地对空导弹击中。他失踪后的第六天，被营救人员救出，能让他死里逃生的重要因素是因为他随身携带着 GPS 接收器。

GPS 是英文 Global Positioning System With Synchro Ranging（同步测距全球定位系统）的简称，也就是人们现在常说的全球卫星定位系统，它是美国继"阿波罗"登月计划和航天飞机之后的第三大航天工程。全球卫星定位系统是美军 20 世纪 70 年代初在"子午仪卫星导航定位"技术

美国军人在演习中使用的 GPS 接收器为美制"麦哲伦"GPS 系统导航接收器

上发展起来的具有全球性、全能性、全天候性优势的导航定位、定时、测速系统。它由空间卫星系统、地面监控系统、用户接收系统三大子系统构成。

20 世纪末，全球卫星定位系统已广泛用于军事和民用等众多领域中。全球卫星定位系统技术按待定点的状态分为静态定位和动态定位两大类。静态定位是指待定点的位置在观测过程中固定不变，如全球卫星定位系统在大地测量中的应用。动态定位是指待定

点在运动载体上，在观测过程中是变化的，如全球卫星定位系统在船舶导航中的应用。静态相对定位的精度一般在几毫米到几厘米范围内，动态相对定位精度一般在几厘米到几米范围内。全球卫星定位系统技术在中国道路工程和交通管理中的应用水平在逐渐提升，随着中国经济的发展，高等级公路的快速修建和全球卫星定位系统技术应用研究的深入，其在道路工程中的应用也会更加广泛，并发挥更大的作用。

纳米材料　当有人问到当前最小的文字有多小的时候，人们可能马上联想到那些微雕作品上所刻写的诗词。其实不然，1989 年美国 IBM 公司在镍晶体表面写出了由 35 个氙原子组成的"IBM"字样。这是纳米材料技术的应用之一。

纳米材料是将纳米尺寸（0.1～100 纳米；1 纳米是十亿分之一米，相当于人的头发丝直径的十万分之一）的金属、无机化合物、聚合物等材料微粒压制、烧结而形成的材料。当材料微粒的尺寸进入纳米量级时，就从量变到质变，其力学、热学、电学、磁学和光学性质发生根本改变。纳米材料中的颗粒极小，所以材料中的相当大一部分原子位于颗粒表面，使纳米材料具有奇异的性质和特殊功能。

现在人们制出的纳米材料有多种：纳米磁性材料作磁记录介质时，音质好、图像清晰、记录密度高，可制成磁性信用卡、磁性钥匙以及高性能录像带等；纳米金属材料具有低熔点特性，可以冶炼难熔的金属，制成重量轻、韧性好的特种合金；纳米陶瓷材料强度高韧性好，用它制成的物品，表面产生裂纹后也不会扩大；聚合物纳米材料在润滑剂、高级涂料、人工肾脏、传感器制造等方面都很有用途；多孔硅纳米材料应用在微电子领域，标志着电子技术将从微米技术进入纳米技术，

将更大地提高计算速率。

纳米材料科学是 20 世纪 80 年代末诞生的科技新领域。中国著名科学家钱学森指出：纳米科技是 21 世纪科技发展的重点，会是一次技术革命，而且还会是一次产业革命。美国科学技术委员会在 2003 年提出，把启动纳米技术看作是下一次工业革命的关键。日本设立纳米材料研究中心，把纳米技术列入新五年科技基本计划的研究开发重点。德国也把纳米技术列为新世纪科研创新的战略领域。俄罗斯、英国、法国等许多国家都已竞相投入巨资开展对纳米技术的研究。中国早在纳米科技兴起之初就紧跟国际水平，1997 年中国科学家就在纳米材料研制方面取得了进展，所得到的信息存储点阵的点直径为 1.3 纳米，这在某些方面处于世界领先地位。

磁悬浮列车　与其他高速交通工具相比，高速轮轨铁路最高时速一般在 300 千米，飞机时速在 800 千米以上，高速公路上汽车一般时速不超过 150 千米。因此，高速磁悬浮列车恰恰能填补时速 300～800 千米交通工具的空白，并将在日益加速发展的人类社会中扮演重要的角色。

磁悬浮的构想是由德国工程师 H. 肯佩尔于 1922 年首先提出的。磁悬浮列车包含有两项基本技术：一项是使列车浮起来的电磁系统，另一项是用于牵引的直线电动机。形象地说，是把圆形旋转电机剖开并展成直线型的电机结构。它依靠铺在线路上的长定子线圈极性交错变化的电磁场，根据同极相斥异极相吸的原理进行牵引。磁悬浮列车分为常导型和超导型两种。常导型磁悬浮列车由车上常导电流产生电磁吸引力，吸引轨道下方的导磁体，使列车浮起。常导型技术比较简单，由于产生的电磁吸引力相对较小，列车浮起高度只有 8～10 毫米。这种车以德国的 TR

型磁悬浮列车为代表。超导型磁悬浮列车由车上强大的超导电流产生极强的电磁场，可使列车浮起高达100毫米。超导技术相当复杂，并需屏蔽发散的强磁场。这种车以日本山梨线的 MLX 型车为代表。

德国和日本是世界上最早开展磁悬浮列车研究的国家。1982 年，德国修建了 31.5 千米的世界首条磁悬浮铁路。日本的磁悬浮列车载人运行实验时速高达 580 千米，创下了列车载人运行世界最快纪录。目前，美国正在研制地下真空磁悬浮超音速列车。中国从 20 世纪 70 年代开始进行磁悬浮列车的研制，首台小型磁悬浮原理样车在 1989 年春面世。2004 年正式投入运行的举世瞩目的上海磁悬浮列车是世界上第一条商业化运营的磁悬浮列车线。

电子计算机

电子计算机是一种具有数学运算和逻辑运算能力的机器，能够根据预先设定好的程序自动高速并且精确地进行信息处理。在某种程度上，它具有与人脑相似的功能，所以人们又称之为"电脑"。其最重要的特征是：只

能自动处理信息、运行程序、连接网络的个人计算机。

要给予正确的规划，电子计算机可以模拟任何行为（只受限于计算机本身的存储容量和执行的速度）。

电子计算机系统由硬件和软件构成，它的构造极为复杂，通常可分为输入、输出、记忆、计算和控制五大部分。电子计算机包括模拟计算机和数字计算机两大类，都具有度量和计算的简单观念。而现代的电子计算机已不仅局限于数值的计算，已渗透到了工农业生产、教育、国防、科研等各个领域，广泛应用于科学计算、实时控制、信息处理、数据分析、计算机辅助设计（CAD）、网络信息传递和人工智能等领域。特别是近 20 年，计算机技术高速发展，现在几乎所有的领域都离不开电子计算机，它在人类的生活中扮演着越来越重要的角色。

电子计算机对信息的处理就是对信息进行编码、存储、转换、传输、检测和输出。电子计算机能处理的信息数不胜数，如文字、图像、各种物理量、语音和视频等。电子计算机的出现标志着计算工具随着科学技术的飞速发展和世界文明的进步而跃入一个崭新的历史阶段。

1945 年底，美国工程师 J.P. 埃克脱和 J.W. 莫奇利共同成功研制了世界上第一台通用电子计算机，命名为"埃尼阿克"（ENIAC）。它装有 18000 多只电子管和大量的电阻、电容，第一次用电子线路实现运算。"埃尼阿克"每秒能做 5000 次加法或者 400 次乘法。但它还不完善，因为它没有存储器，只有电子管做的寄存器，仅仅能寄存 10 个数码。当需要换算别的题目时，需要重新焊接连线，很费时间。

第一台电子计算机诞生至今，虽仅有 50 余年的历史，可是电子计算机器件从电子管到晶体管，再从分离元件到集成电路以至微处理器，电子计算机技术发展异常迅速，至今已经历了 4 代的变迁。第一代是电子管计算机，第二代是晶体管计算机，第三代是集成电路计算机，第四代是大规模集成电路电子计算机。这四代计算机都属于以顺序控制和按地址寻址为基础的冯·诺伊曼式计算机体系，都以高速数值计算为主要目标，而系统设计原理没有太大的变化。由中国科学院等共同研制的每秒峰值运算速度 10 万亿次的曙光 4000A 电子计算机系统，于 2004 年 11 月

15 日正式启用。曙光 4000A 系统实现了中国高性能电子计算机研发与应用的双跨越，并将信息化建设推上了新台阶，使中国成为继美国、日本之后第三个能制造 10 万亿次商品化高性能电子计算机的国家之一。

20 世纪 80 年代，一些国家的专家开始研制第五代智能计算机。此外，生物计算机、光子计算机、量子计算机也在开发中。

智能计算机 1981 年 10 月，日本首先提出"第五代计算机"的说法，并指出第五代计算机系统将是以词组逻辑为基础的知识信息处理系统。

第五代计算机又称智能计算机，它是为适应未来社会信息化的要求而提出的，与前四代计算机有着质的区别。它不仅能进行数值计算或处理一般的信息，而且主要面向知识处理，具有形式化推理、联想、学习和解释的能力，能够帮助人们进行判断、决策，开拓未知的领域和获取新的知识，配有智能化的人机界面，可以直接通过自然语言（文字、声音）或图形、图像交换信息。可以认为，它是计算机发展史上的一次重大变革，将广泛应用于未来社会的各个领域。

生物计算机 随着微电子技术的高速发展，作为计算机核心元件的集成电路的制造工艺已经达到了理论极限，半导体硅芯片因电路密集引起的散热问题实难解决，科学家们正致力于寻找新的材料。于是引人瞩目的第六代计算机——生物计算机的研发已摆到科学家们的面前。

生物计算机（又称分子计算机）的主要原材料，是生物工程技术生产的蛋白质分子，并以此作为生物芯片。在这种芯片中，信息以波的形式传播，当波沿着蛋白质分子链传播时，引起蛋白质分子链中单键和双键结构顺序的变化。因此，当波传播到分子键的某个部位时，它们就像芯片中的载流子那样来传递信息。由于蛋白质分子比硅芯片上的电子元件小得多，其密集度可做得很高。蛋白质构成的生物芯片有着巨大的存储功能。由于一个蛋白质分子就作为一个存贮体，而且蛋白质分子的阻抗低、能耗小，它较好地解决了散热问题。此外，蛋白质分子很容易构成三维立体型分子排列结构，形成立体生物集成芯片。而目前电子计算机用的芯片，几乎都是二维平面型集成电路。对于生物芯片，要做到几十亿兆位的生物存贮器，是一件相当容易的事。

生物计算机除了具有巨大的存贮容量外，还具有高速处理信息的能力。它的处理速度比当今最新一代计算机的速度还要快百万倍。这就为实现计算机的高智能化提供了可行性。由于蛋白质分子能够自我组合、再生新的微型电路，表现出很强的"活性"，使得生物计算机具有生物体的某些特点，它能发挥生物本身固有的自我组织、自我调节和自我适应机能。这样就能模仿人脑的机制。专家们认为，生物计算机最有可能实现人类梦寐以求的"人工智能"。

光子计算机 你听说过"光脑"吗？随着未来科技的迅速发展，一种凌驾于电子技术之上的极为尖端的技术应运而生，这便是光脑。1990 年初，贝尔实验室制成世界上第一台光子计算机。

光子计算机是一种由光信号进行数字运算、逻辑操作、信息存贮和处理的新型计算机。光子计算机的基本组成部件是集成光路，在光子计算机中必须有激光器、透镜和棱镜。光脑和电脑的工作原理基本一样，所不同的是光子代替了电子，光互连代替了电子导线互连，光开关、光三极管、光存储器、反馈装置和集成光路等部件，代替了电脑中的电子硬件，光运算代替了电运算，非冯·诺伊曼结构代替了冯·诺伊曼结构，使光脑的功能为电脑望尘莫及。

光脑首先是具有超并行性。最新的并行处理计算机通常具有 $n \times i$ 的并行性，其结构和运算极为复杂。光脑则不同，它具有 $n \times n$ 的并行性，其并行通信和并行处理能力强，可用简单的运算去处理大阵列。其次是光脑可以在接近室温条件下具有超高运算速度。电子的传播速度每秒钟只能达到 593 千米，而光子的速度是每秒钟 30 万千米。因此，利用光在光缆中互连通信，要比利用电子在互连的导线中通信减少大量时间，提高了运算速度。光脑的超高速运算在于光的频带宽远远大于无线电波和微波，具有极大的信息存储量（存储信息量可达 10^8 位）。再者光脑的抗干扰能力强和容错性好。光脑依靠光子传播信息，光子没有电荷，对其他邻近的光子和电子毫无影响。所以光信号不仅不相互干扰，而且还可以与电子控制信号交叉。光脑的容错性好，在于光脑具有与人脑类似的容错性，系统中某一元件损坏或出错时，并不影响到最后计算结果。可以预计光脑不但在工农业生产，而且在高科技领域，如复杂的图像和雷达信号处理，人工智能和机器人应用等方面也具有广阔的前景。

量子计算机　历史总是沿着时间和空间无限蔓延，不断发展前进，计算机也将不断适应需要而创新。未来被人们普遍看好的计算机还有量子计算机。

量子计算机与传统计算机原理不同，它是建立在量子力学的原理上工作的。经典粒子在某一时刻的空间位置只有一个，而量子客体则可以存在空间的任何位置，具有波粒二象性，量子存储器可以以不同的概率同时存储 0 或 1，具有量子叠加性。如果量子计算机的 CPU 中有 n 个量子比特，1 次操作就可以同时处理 $2n$ 个数据，而传统计算机 1 次只能处理 1 个数据。例如，具有 5000 个量子位的量子计算机，可以在 30 秒内解决传统超级计算机要 100 亿年才能解决的大数因子分解问题。由于具有强大的并行处理能力，量子计算机将对现有的保密体系产生根本性的冲击。

可以设想到的是，谁在计算机领域里付出艰辛努力取得令人瞩目的成果，谁就将在科技的探索、经济的发展和社会前进的道路上处于世界领先的地位。

"银河"亿次巨型计算机　在科学技术飞速发展的今天，人类在宇航技术、卫星遥感、激光武器、海洋工程，以及空气动力学、流体力学、理论物理学等方面遇到了许许多多难度越来越大的复杂问题。要解决它们，微机及小、中、大型计算机都无能为力，巨型计算机则成为不可替代的工具。这是因为巨型计算机的运算速度快、存储容量高。

"银河"亿次级计算机

1978 年，中国决定研制每秒能计算上亿次的巨型计算机。中国一大批科技人员瞄准世界上最先进的巨型机技术，大胆创新，顽强拼搏，先后攻克了数以百计的技术难题，1983 年 11 月 26 日，中国第一台命名为"银河"的亿次巨型计算机在国防科技大学研制成功，使中国成为继美、日等少数国家之后，能独立设计和制造巨型机的国家。科学的生命在于创新，

1992 年 11 月研制出"银河 - Ⅱ"十亿次巨型计算机，填补了中国面向大型科学工程计算和大规模处理的并行巨型计算机空白。1997 年 6 月，"银河 - Ⅲ"百亿次大规模并行巨型计算机又在中国诞生，其运算速度达到每秒130 亿次。1999 年，"银河"第四代巨型机在中国研制成功。据统计，目前世界上的巨型计算机总共只有数百台，拥有巨型计算机的国家不多，仅美国、日本、中国、俄罗斯、英国、法国和德国 7 个国家。

多媒体计算机 随着计算机软、硬件技术的不断进步，计算机用户之间的联系越来越广泛，不再局限于文字，还包括图形、声音、影像、动画等。这种计算机环境，被称为多媒体环境。

多媒体环境下的计算机，称为多媒体计算机，它能把计算机、电视机、录像机、录音机、游戏机、传真机等的功能综合在一起。多媒体计算机要求计算机中央处理器速度快、功能强、显示器分辨率高。它能给用户提供丰富的音响效果和五光十色的画面及动态影像，还可同用户进行双向交流。有人常把多媒体计算机说成是具有声光效果的计算机。多媒体计算机有着十分广泛的应用范围，可视电话、医疗会诊、电子模拟、电子通信、电子娱乐及动画广告都有其用武之地，但最有发展前景的领域应数电子出版产业。

掌上电脑 掌上电脑是对体积较小、可手持操作的信息处理设备的一种通称。这类设备一般采用电池作为电源，采用的操作系统和应用软件都预装在设备中。信息输入采

掌上电脑

用键盘或手写方式，也可以与台式计算机互传信息。这类产品由于体积较小，主要完成部分文字处理功能、简单的计算和网上下载及收发电子邮件等一种或全部功能。

中央处理器 中央处理器又称 CPU，是计算机的"大脑"，是计算机硬件系统的核心。它具有运算功能和控制功能。中央处理器的基本构造包括运算器和系统控制器，在结构上还包括中继系统、通用寄存器和堆栈等部分。实际上，中央处理器只是一小块集成电路，也就是芯片。别看它体积不大，可上面有成千上万个微小的电子元件，这些电子元件大多是晶体管。计算机的运行速度就与这上面的晶体管数量有很大关系。早期的中央处理器，只能集成 3 万个晶体管，现在能集成上千万个晶体管。中央处理器上的运算器，就是靠这些晶体管完成运算任务的。

内存 内存是微型计算机中的一种存储单元，又称主存。它读取和写入速度很快（纳秒级），是中央处理器（CPU）使用硬盘中数据的中间存储介质。

内存分为随机存储器（RAM）、只读存储器（ROM）、可编程存储器、电可重复编程存储器和电可擦除编程存储器。随机存储器中的数据在断电后立即丢失。只读存储器中的内容在出厂时已经固定，无法更改，在任何情况下都不会丢失。可编程存储器的内容可以在出厂后进行一次写入，之后无法更改，在任何情况下都不会丢失。电可重复编程存储器的内容可以在出厂后使用特定的设备进行写入，断电后内容不会丢失，但是当紫外线通过玻璃窗口照射后内容丢失，之后可以再次进行写入。电可擦除编程存储器的内容可以在出厂后使用特定的设备进行写入和删除，断电后内容不会丢失，亦不受紫外线影响。

USB 闪盘　利用闪存技术进行数据信息的存储或删除的小型存储器，简称 U 盘。闪存是英文"Flash Memory"的中文意译，意思是这种存储器的存储过程就像照相机的闪光灯一样。U 盘的存储介质是闪存芯片，通过 USB 接口与电脑连接，断电后存储芯片里的数据信息不会丢失，而且在存储和读取数据信息时不用机械驱动，所以几乎不受震动的干扰。U 盘因其体积小、存储速度快、防震等特点，广受大家的喜爱。

硬件　那些构成电脑的看得见摸得着的东西，如元器件、电路板、零部件等物理实体和物理装置，叫作电脑硬件。冯·诺伊曼式计算机的硬件由五大部件组成：运算器、控制器、存储器、输入设备和输出设备。

计算机主板

运算器是计算机加工处理信息并形成信息的加工厂，其主要功能是完成对数据的算术运算、逻辑运算和逻辑判断，所以有时也称为算术逻辑单元。控制器是计算机的指挥中心，它实现各部件的联系，并控制和指挥计算机自动工作。其主要功能是自动地依次从内存中读取指令、分析指令，还可根据指令分析结果，产生一系列相应的控制命令发向存储器、运算器或输入输出设备，让它们执行指令规定的操作，接受执行部件发出的反馈信息，决定下一步应发布的控制命令等。存储器是计算机的记忆设备，主要用来保存数据、运算结果和程序，并随时向运算器或控制器提供所需的数据或程序。因此，存储器必须具备存数和取数功能（简称存取功能）。"存"和"取"有时也称为"写"和"读"。存储器分为内存储器和外存储器两

大类。输入设备主要用于把用户的数据和程序等信息转变为计算机能接受的电信号送进计算机，常用的输入设备有键盘、鼠标、卡片输入机、扫描仪等。输出设备主要用于将计算机的运算结果或工作过程按用户所要求的形式表现出来。常用的输出设备有屏幕显示器、行式打印机、电传打印机、激光打印机、绘图仪等。输入／输出设备常简称为 I/O 设备，它们统称为外围设备。

软件　和人类一样，计算机也有语言，计算机的语言是由 0 和 1 组成的数码，它们被称

各种计算机软件

作计算机的软件。计算机科学技术中，软件和硬件都是不可缺少的重要方面，二者既有分工，又有配合。硬件是物质基础，软件担负指挥功能。

计算机的软件专家们用 0 和 1 这两个数字，编成一组组的代码，来表示一条条的指令，让计算机执行。如果将指令按一定顺序编写出来，就成了程序。程序可以让计算机按部就班地工作。在这种程序的基础上，可以编出一套套管理计算机的程序，例如 Windows、DOS 等，这叫作系统软件，它为计算机使用提供最基本的功能，但是并不针对某一特定应用领域。如果要做某件具体的工作，如处理动画、写文章、玩网络游戏、绘图等，就要专门编写做这些事情的程序，如 office 办公软件、photoshop 图处理软件等，这叫作应用软件。软件并不只是包括可以在计算机上运行的程序，与这些程序相关的文件一般也被认为是软件的一部分。

软件是用户与硬件之间的接口界面，用

户通过软件与计算机进行交流。软件又是计算机系统中的指挥者，它规定计算机系统的工作，包括各项计算任务内部的工作内容和工作流程，以及各项任务之间的调度和协调。软件还是计算机系统结构设计的重要依据。为了方便用户，在设计计算机系统时，必须通盘考虑软件与硬件的结合，以及用户的要求和软件的要求。

计算机辅助设计　科技工作者在工程、产品等设计中有许多繁重工作，如计算、画图、数据的存储和处理等，现在有些工作可以交给计算机来完成。由一定的硬件和软件组成的供辅助设计使用的系统称为计算机辅助设计（简称 CAD）系统。

计算机辅助设计是由计算机自动产生设计结果，通过图形设备告知设计人员，使设计人员及时对设计作出判断和修改，以便更有效地完成设计工作。计算机能帮助设计人员担负计算、信息储存和制图等各项工作。除了计算机本身和通常的外围设备外，计算机辅助设计主要使用图形输入输出设备。计算机辅助设计除使用一定的硬件外，还要有各种各样的软件支持。计算机本身的系统软件如操作系统、各种程序设计语言的编译程序等是必不可少的。计算机辅助设计需要存储和检索大量信息（包括几何图形和字符数字的信息），所以计算机辅助设计系统广泛使用数据库。

计算机辅助设计已应用于工业部门和各个设计领域。彩色图形显示使设计人员更易于识别计算机的分析结果和观察复杂的三维空间关系。在使用统一的标准后，计算机辅助设计系统之间可以实现互相兼容并能互相"通话"。人工智能的概念和方法将逐渐用于计算机辅助设计，提高计算机辅助设计系统在人机交互和解决问题方面的能力。

计算机辅助教学　计算机辅助教学简称 CAI，通过学生与计算机的对话实现对学生的教学。学生和计算机的对话，是通过 CAI 系统的终端设备进行的。终端一般由键盘和图像显示器构成，在图像显示器上可显示彩色或黑白的文字符号和图形。

CAI 按性质可分为计算机网络型、计算机会议型、人工智能型、模拟型等；从作用上又可分为辅佐型和原本型；根据功能强弱，还可分为简单型和复杂型。

CAI 的优点是：根据个人特点进行学习，变被动学习为主动学习，教学形象直观化，可缩短学习时间和节省大批教师，能更好地贯彻因材施教原则。

计算机专家系统　计算机专家系统是人工智能领域有实用价值的软件系统。

计算机专家系统收集某一领域专家的知识，以推理计算模型模拟人类专家分析处理本领域的专家才能处理的复杂问题，得出和人类专家一样的结论。显然，专家系统要有一个知识库"记住"人类专家的知识，还要有一个推理机，可根据输入的要解决的问题，按知识库中的知识（事实和规则）推导出结论。因为机器是不认识任何数和知识的，推导的基本原理是它能做基于谓词逻辑的符号演算，即它认识符号以及符号出现的次序，会到库中查寻匹配并作相应置换及简单的逻辑运算。

建立一个专家系统要和领域专家交换意见，反复地把专家知识形式化，放入数据库。显然，知识表达方式越好越容易推理，结论越正确。目前有产生式规则、一阶谓词、框架、语义网络、脚本等多种方法，推理机制各异，但还没有一个统一的表示法和推理机。

计算机网络　在信息化社会里，靠单个的计算机难以发挥重大作用，需要将许多台计算机联在一起，实现资源共享。为达到这个目的，就需要计算机网络。

计算机网络是计算机和通信技术发展相结合的产物。它是利用通信设备和线路将地理位置不同、功能独立的多个计算机系统连接起来，以功能完善的网络软件实现网络的资源共享和信息传递的系统。简单地说，计算机网络是连接两台或多台计算机进行通信的系统。连接在网络中的微机终端就称为工作站。根据计算机网络覆盖的范围分类，计算机网络可以分为广域网和局域网两种类型。

计算机联网的主要目的是实现资源共享，包括信息资源、硬件资源、软件资源和通信资源的共享，建立人与人之间更广泛的沟通渠道。有了计算机网络，人们的生活就方便多了。你可以将家中的计算机连到公司的计算机网络上，坐在家中就可以处理办公室的事务。

被人们称为全球信息高速公路的因特网（Internet）是全球最大的计算机互联通信网络。因特网源自英文的 Internet，从广义上来说，它就是"连接网络的网络"。这种将计算机网络互相连接在一起的方法称为网络互联。作为专有名词，它指的是全球公有并使用 TCP/IP（传输控制协议/互联网络协议）通信协议的一个计算机系统。

信息高速公路

在高速公路上，各种车辆川流不息。而在信息高速公路上奔驰的可不是车辆，而是音频信号（电话）、数据信号（电脑）、视频信号（电视）、图像信号（传真）以及遥测遥控系统中传递的信号。

信息高速公路实际上是高速信息电子网络，能够随时为用户提供大量的信息。它是由高速通信网将计算机系统和各类信息源连接起来，构成的开放式综合巨型网络系统。信息高速公路正在改变着人们的工作方式和生活方式，真正实现"秀才不出门，便知天下事"。它把所有的企业、政府部门、学校、医院以及普通家庭连接起来，使人们无论何时何地都能以最好的方式与自己想要联系的对象进行信息交流。

局域网

局域网即计算机局部区域网，它是在一个局部的地理范围内，如一个公司、一所大学等，将各种计算机、外围设备、数据库等互相连接起来组成的计算机通信网，简称 LAN。局域网主要用来资源共享和相互通

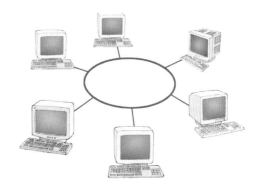

计算机网络

信，包括硬件和软件、数据等的共享，方便数据传送和电子邮件传送，还能方便计算机的分布和管理。根据不同的拓扑结构组建的局域网称作星型网络、总线型网络、网状网络等，目前常见的局域网类型包括以太网、光纤分布式数据接口、异步传输模式、令牌环网、交换网等。局域网内的数据传输速度快，能通过多种介质传输，如电缆、光纤以及无线传输等。局域网成本低，安装、扩充及维护方便，成为一种使用范围最广泛的网络。

广域网

广域网是指一个很大地理范围的由许多局域网组成的网络，或者说是一种覆盖广阔区域（如若干个城市、国家，甚至全

世界）的计算机通信网。一家大型公司在各地的分公司的内部网络互相联结组成一个网络就是一个广域网。因特网就是一个巨大的广域网。

门户网站　通常我们所说的门户网站是指将各种综合信息进行分类导航服务的网站，它就像一个大超市，内容丰富，信息更新速度快，用户只要登录这个网站，就能获取需要的所有信息，或者到任何想要到达的网站。对新上网的用户来说，门户网站就像是网络的入口。

最初门户网站只提供搜索引擎和网络接入服务，后来随着网络的迅速发展，门户网站的内容越来越丰富，现在的门户网站主要提供新闻、搜索引擎、网络接入、聊天室、电子公告牌、免费邮箱、影音资讯、电子商务、网络社区、网络游戏、免费网页空间等服务。在我国，门户网站有新浪、网易和搜狐等。

门户网站虽然内容包罗万象，但一些专业领域里的知识较少，需要专业信息的可以去那些小型的专业网站。

搜索引擎　网络上的信息浩如烟海，怎样才能从中快捷地找出我们需要的信息资源呢？搜索引擎的出现让我们获取信息的时间变得更短、更快捷，知识的传播也更加快速。

搜索引擎指自动从因特网搜集信息，经过一定整理以后，提供给用户进行查询的系统。它使用一种叫"网络蜘蛛"或"网络机器人"的软件，扫描一定 IP 地址范围内的网页，并根据网页上的超链接到达另一个网页，采集资料，就这样一连十，十连百，机器人能游遍大部分网页。网络机器人采集的网页，还要由其他程序进行分析，根据一定的算法计算建立网页索引，然后添加到索引数据库中。

搜索引擎有几种不同的形式，我们平时使用最多的是全文搜索引擎，如谷歌、百度等。它的主页只有一个检索界面，当输入关键词进行查询时，搜索引擎会从庞大的数据库中找到符合该关键词的所有相关网页的索引，按照一定的排名规则呈现出来。还有一种分类目录形式的搜索引擎，如雅虎把采集来的网站信息人工进行分类，并存放在相应的类别目录中。用户在查询信息时，可以用关键词进行搜索，还可以按照分类目录逐层查找。

虽然搜索引擎已经大大提高了我们利用网络的效率，但随着网络上数字化信息的增多，如视频、音频等多媒体信息的检索，仍然是现在的搜索引擎无法突破的技术。

电子邮件　建立在计算机网络上的一种通信形式，又称 E-mail。计算机用户可以利用网络进行信件的书写、发送和接收。电子邮

电子邮件

件可在计算机局域网上进行传递，也可在计算机广域网上进行传递。进行电子邮件通信，必须在网络文件服务器（即计算机）上建立电子邮件的"邮局"。它是电子邮件的中心集散地，可为每个用户设置有地址的信箱。别人可向该信箱发送电子邮件，信箱的主人则可在方便时从信箱中取出其邮件。这里的"邮局"实际上是网络文件服务器上的一组数据库文件。电子邮件软件可利用用户计算机的处理能力和存储空间，使邮件处理过程自动进行，其功能包括：离线信件准备，自动发送

和接收，将电子邮件自动归档，提供常用地址簿及向多地址发送等。

即时通信　即时通信被称为继电子邮件后最方便的通信方式。如今，使用即时通信工具与人联络的用户越来越多。

即时通信是一种使人们能在网上识别在线用户并与他们实时交换消息的技术，它的出现和因特网有着密不可分的关系。最早的即时通信工具是出现于 1996 年的 ICQ，那时它还只能提供文本方式聊天，但受到用户的极大欢迎，在短短 6 个月内注册用户就达到 80 多万。此后，不同种类的即时通信工具大量出现，如 QQ、MSN Messenger、AOL Instant Messenger、Yahoo! Messenger 等，这些软件不仅提供文本方式的通信，还有视频会议、网络电话，以及文件即时传送等功能。

不管即时通信的产品种类怎样繁多，它们的基本原理都大致相同。首先，用户输入自己的用户名和密码登录即时通信服务器，服务器通过读取用户数据库来验证用户身份，根据用户存储在服务器上的好友列表，服务器将用户在线的相关信息发送给同时在线的即时通信好友。如果用户想与在线好友聊天，只用通过服务器发送过来的好友的 IP 地址、TCP 端口号等信息，直接向对方发出聊天信息，对方收到后就可以直接回复。这样双方的即时文字消息就不通过服务器中转，而是通过网络进行点对点的直接通信。

即时通信速度快，使用方便，受到越来越多的人的青睐，但同时，也难免加快了病毒和不良信息的传播，使用时应注意防范病毒的侵害和有害信息的干扰。

网络游戏　1962 年，一位叫 S. 拉塞尔的大学生在美国 DEC 公司生产的 PDP-1 型电子计算机上编制的《宇宙战争》，是当时很有名的计算机游戏。一般认为，他是计算机游戏的发明人。

计算机游戏是指在电子计算机上运行的具有娱乐功能的计算机游戏软件。计算机游戏产业与电脑硬件、电脑软件、互联网的发展联系甚密。计算机游戏也是一门艺术，因为计算机游戏为游戏参与者提供了一个虚拟的空间，在一定程度上让人可以摆脱现实世界中的自我，在另一个世界中扮演真实世界中扮演不了的角色，能给人们很多体验性感受，但一个人不能长期沉迷于计算机游戏中。

计算机病毒　一提起病毒，人们会很自然地联想到艾滋病、SARS 等。这些侵袭人体的病毒叫生物病毒。计算机病毒是一种人为制造的并具有自我复制能力的计算机的一组指令或程序代码，它同生物病毒一样，潜伏在计算机中，利用系统数据资源进行繁殖和传染，影响计算机系统正常运行的程序，严重时能够破坏计算机系统。随着计算机技术的发展，病毒程序层出不穷，到 21 世纪它的种类已经达到千万种。虽然病毒的类型有很多，变形的病毒更无法计算，但是就其传染对象来分只有 4 类：基本输入输出系统（BIOS）病毒、硬盘引导区病毒、操作系统病毒与应用程序病毒。

为了使计算机正常运行，必须对计算机病毒采取防范措施。如果所使用的操作系统的文件已经感染病毒，那么每次启动系统时，病毒也会随之运行。系统启动完成后，病毒也被激活，驻留在内存中，监视系统的运行，并伺机进一步感染或者进行破坏。曾经，为不在这种带毒系统下进行病毒清除工作，必须使用磁盘版的杀毒软件启动计算机系统，或者使用无毒的系统软盘启动机器，现在已经可以直接运行杀毒软件进行病毒清除工作。

电脑黑客　黑客总是戴着神秘的面纱，不想让人看清他们的真面目，就好像武侠小说中的冷面杀手，令人防不胜防。在互联网的世界里，黑客来去无踪，令人又爱又恨。爱的是其所拥有的高超的计算机技术，恨的是其心术不正，给互联网带来的无尽烦恼和麻烦。

黑客一词最早源自英文 hacker 的译音，指热衷于计算机程序的设计者，或者专指凭借所掌握的计算机技术，窥视别人在计算机网络上的秘密进行电脑犯罪的人，也称"软件骇客"（software cracker）。黑客在计算机技术上有特长，他们或是擅于计算机系统、软硬件和通信系统的程序设计；或是擅于计算机及其功能的开发、利用。不过，多数黑客制造病毒并无恶意，仅仅是想显示自己的计算机技术水平。只有少数人凭借掌握的技术知识，采用非法的手段逃过计算机网络系统的存取控制进入计算机网络，进行未经授权的或非法的访问。所以，在计算机病毒领域里，hacker 译为"恶作剧者"更贴切。

不要去当黑客，但可以学习黑客掌握的技术，以提高自己防御计算机被攻击的水平。

计算机网络安全　在当今网络化的世界中，网络的开放性和共享性在方便了人们使用的同时，也使得网络很容易受到攻击。计算机信息和资源也受到严重威胁，甚至是后果十分严重的攻击，诸如数据被人窃取、服务器不能提供服务等。随着计算机网络的普及，网络安全问题越来越受到人们的重视。

计算机网络安全是指计算机信息系统和信息资源不受自然和人为有害因素的威胁和危害。计算机安全的范围包括实体安全、运行安全、数据安全、软件安全和通信安全等。实体安全主要是指计算机硬件设备和通信线路的安全，其威胁来自自然和人为危害等因

素。信息安全包括数据安全和软件安全，其威胁主要来自信息被破坏和信息被泄漏。当前信息安全方面存在的主要问题是计算机病毒、计算机黑客、传输线路和设备的电辐射等。实现计算机网络安全措施的一种重要手段就是防火墙技术。

计算机网络安全的问题已成为计算机网络操作者十分重视的一项工作，在进行网络计算机操作之前必须随时做好网络安全方面的准备工作，尤其要对重要的文件或机密信息采取安全防护措施。同时，要引入国际先进的计算机病毒防治的方法及标准，使用防火墙及杀毒软件等，防止网络黑客及网络计算机病毒的入侵。另外，各相关单位还要对有关人员进行安全意识及安全措施方面的培训，并在法律规范等诸多方面加强管理。

条形码　在超级市场购物交款时，收款员总是拿着收款机上一个手持装置，对着你所购的物品上黑白相间的条纹一扫，然后告诉你应交金额。计算机之所以能知道商品价格，是因为商品的包装上有这些被称作"条形码"的条纹。

条形码是人机对话的特殊语言。每个商品上都有由长短不一、粗细不匀和间距不等的线条构成的商品代码，用于表示商品的名称、生产批量、生产厂家、重量、数量、价格、规格、型号等，或者表示出厂时间、订货批量、到货地点等信息。机器读知条形码，还需要有一个特殊的"眼睛"，称为条形码读出装置。它由光扫描器对条形码进行阅读，并把条形码代表的数字传送给计算机，计算机就可以根据人的指令对商品进行控制。条形码不仅

在销售领域用途很大，在产品的生产、存贮和运输过程中的作用也相当重要。

自动售货机　商店关门之后，如果仍然能够随意购买到各种各样的冷热饮料和其他商品，会感到非常方便。自动售货机就能为人们提供这种服务。

自动售货机是不需要售货员而自动出售商品的机器。自动售货机销售的品种很多，从车票、邮票到饮料、食物、书籍及其他日常用品等，几乎无所不包。

自动售货机的种类很多，售货原理也不尽相同。能够辨别钱币和计算找零是其最重要的功能。有些自动售货机只要投入硬币就可以购物。机器经鉴别器鉴别硬币重量和大小后发出电信号，通过计数器处理后再向送物和找钱装置发送信号，完成售货过程。还有的机器曾使用磁卡购买物品。例如，从前到北京西客站购买火车票时，可以预先购买一张充有人民币的磁卡。无论车站售票处是否上下班，你都可以在自动售票机上购买到自己想买的车票。现在使用手机支付即可。

有些自动售货机还结合销售的商品种类，组合一些其他的机器。如自动销售汉堡包的机器上，就组合一台微波烤箱，当顾客购买了汉堡包时，它会将汉堡包加热后送给顾客。

机器人　提起机器人，人们会立即想起"宇宙英雄""超人"和"未来世界"等科幻电影中不少本领高强的机器人，他们能够做出许多人类无法做到的事情。其实，绝大多数机器人是否具备人的外形并不重要，人类注重的是它的功能。

机器人是一种能够代替人从事多种工作的高度灵活的自动化机械，这种新型机械的根本特点是它具有智能。大家知道，机器是各种零件组合成的装置，它仅仅作为生产工具，减轻

这个机器人的脚部可以前后自由移动，头部和腰部依照声音的指示转动，手、腕、臂则很灵活，能从事相当精细的工作。

人类的许多体力劳动。而机器人则能够模仿人的部分动作，比如看书、说话、行走和干活，特别是在人不能直接进入的高温、放射性等危险场所，机器人发挥的作用就更大了。按照机器人从低级到高级的发展程度，可以分成三代机器人。第一代机器人主要是以"示教 - 再现"方式工作的机器人，它重复执行操作人员事先教会并存储的动作；第二代机器人是具有一定感觉的机器人，可以做简单的推理；第三代是智能型机器人，具有多种感知功能，能在作业环境中独立行动。

自 1960 年第一台机器人在美国制造出来后，机器人的使用不断扩大。进入 20 世纪 80 年代后，机器人在全世界开始大量使用。目前主要有 3 种类型的机器人：家庭机器人、专业机器人和智能机器人。

家庭机器人用于从事家务劳动和家庭护理工作，它能煮饭烧菜、打扫卫生，还能够看护病人、陪伴儿童玩游戏。在未来，家庭机器人将作为家庭的一员而存在，其功能和身上的"人情味"也会不断地增多。专业机器人具有专长，可以从事特种作业。它们充当焊接工、喷漆工、装配工等，代替人们完成重活、脏活，享有"钢领工人"的美称。如中国研制的 6000 米水下机器人，可以进行

拍照、摄像、测量等多种科学研究工作。智能机器人除能完成体力劳动外，还具有类似人脑的功能，可完成部分脑力劳动者的工作。智能机器人与第五代计算机关系密切，目前都处于实验探索阶段。一般地说，智能机器人应该具备 4 种功能：运动功能、感知功能、思维功能和人机信息交换功能。

随着电子计算机技术的发展，机器人的作用将越来越大，而且会越来越与人相近。

模糊控制　"模糊数学"的概念，是美国自动控制专家 L.A. 扎德于 1965 年最先提出的，其核心是最大限度地模拟人的思维及推理功能，来研究现实世界中许多界限不清的事物。后来，经过科学家的不断努力，使之逐渐丰富和发展，成为指导人们实践活动的理论。"模糊"理论于 20 世纪 80 年代末开始应用在家用电器的生产中。它的突出特点是以不确定的数值来取代确定的数值。

模糊家电的问世，使电器具有能够进行自我调节的功能，以达到最理想的工作状态，这样会比确定的数值控制更为有益。例如，现在使用的洗衣机，在电机转动速度、起停时间、脱水时间等方面都有固定的旋钮进行控制，由人进行操纵，洗衣机自身则不能根据洗涤物的质地、数量及洗涤剂的种类来自动选择。而模糊洗衣机则可以完全自动控制。再如模糊空调器，不需要人们开关空调器和控制工作时间及冷暖转换，它便可以根据室内外的气温和人们的舒适程度自动调节到最佳温度。浴室的淋浴器加装上模糊恒温装置，就可以防止出现突如其来的冷水或沸水的冲淋。模糊复印机能识别原稿浓淡程度，自动调节感光强度，使复印比原稿更清晰。家用电器中的模糊电器还有模糊电视机、模糊吸尘器、模糊微波炉等。

随着模糊技术的提高和电脑程序设计水

平的进步，各种比现在更优异且更容易操作的"傻瓜"空调器、"傻瓜"微波炉、"傻瓜"电饭煲等将广泛流行开来，为越来越聪明的现代人提供更多犯"傻"的机会。

詹天佑（1861 ～ 1919）　从北京乘火车去八达岭，途中你会看到铁路边伫立着一尊人物雕像，它塑造的是为中国铁路建设做出历史性贡献的詹天佑。

詹天佑是中国铁路工程专家。1861 年 4 月 26 日生于广东南海县，1919 年 4 月 24 日卒于湖北汉口市。1872 年，年仅 12 岁的詹天佑作为第一批官派留学生留学美国。1881 年毕业于耶鲁大学，同年回国。1905 ～ 1909 年，他主持修建了中国自建的第一条铁路——京张铁路，即现今京包线北京至张家口段。设计中，他因地制宜运用"人"字形路线，减少了施工的工程数量，并利用"竖井施工法"开挖隧道，缩短了工期。通过京张铁路的修建，培养了中国第一批铁路工程人员。1913 年，中华工程师学会成立，詹天佑被选为第一任会长。

钱学森（1911 ～ 2009）　世界著名火箭专家、空气动力学家，中国工程控制论专家、系统工程专家、系统科学思想家、中国科学院院士、中国工程院院士。1911 年 12 月 11 日生于上海，2009 年 10 月 31 日病逝于北京。1934 年毕业于上海交通大学，1935

钱学森在座谈会上

年赴美国麻省理工学院留学，翌年获硕士学位，又转入加利福尼亚理工学院，1938年获博士学位后留校任教并从事火箭导弹研究。1955年回国后，从事航天科技和国防科技事业的研究和领导工作。历任中国科学院力学所所长，国防部第五研究院副院长、院长，国防科委副主任，中国科协主席，中国科协名誉主席等职务。

钱学森在超音速及跨音速空气动力学、薄壳稳定理论方面所做的研究，对航空工程理论有许多开创性的贡献。他对中国火箭导弹和航天事业的迅速发展做出了重大贡献。钱学森在20世纪50年代初将控制论发展成为一门新的技术科学——工程控制论，为导弹与航天器的制导理论提供了基础。钱学森在力学的许多领域都做过开创性工作。他的系统科学思想，首先表现在他提出了一个清晰的现代科学技术的体系结构。由于他在科学技术方面的杰出贡献，曾获得国家科技进步特等奖、何梁何利基金优秀奖和其他重要奖项。国务院和中央军委授予他"中国航天事业50年最高荣誉奖"。中科院紫金山天文台将一颗小行星命名为钱学森星。他的专著有《工程控制论》《物理力学讲义》《星际航行概论》《论系统工程》等。他的学术论文有50多篇发表于美国刊物，更多的论文发表于国内刊物上。

杨振宁（1922～　）　美籍华裔物理学家，诺贝尔物理学奖获得者，在宇称不守恒、规范

场论、杨-密尔斯方程等方面做出了重大贡献。

1922年10月1日生于安徽合肥。1942年毕业于昆明西南联合大学，1944年获清华大学硕士学位。1948年获美国芝加哥大学博士学位。1949年后历任美国普林斯顿高等研究院教授，纽约州立大学石溪分校教授兼该校理论物理研究所所长、名誉所长。1986年兼任香港中文大学博文讲座教授。1956年，他与李政道一起提出"弱相互作用下的宇称不守恒理论"，为此两人共同获得1957年诺贝尔物理学奖，成为最先获得诺贝尔奖的华人科学家。杨振宁教授还曾获美国国家科学奖（1986）、芮恩福德奖、富兰克林奖（1993）和鲍尔奖（1994）等。他是美国国家科学院院士（1965）、英国皇家学会外籍会员、俄罗斯科学院外籍院士。1994年6月8日当选为首批中国科学院外籍院士。2003年底，杨振宁从美国回到中国，定居清华园。由于他在科学方面的杰出贡献，1997年5月，中国科学院紫金山天文台将3421号小行星命名为杨振宁星。

李政道（1926～　）　美籍华裔物理学家，诺贝尔物理学奖获得者。1926年11月25日生于上海。在上海读完中学后，1943年考入浙江大学物理系，1945年转学至西南联合大学，在此结识杨振宁。1946年大学未毕业即获奖学金赴美国芝加哥大学学习。

在E.费米指导下，24岁时获博士学位，并被誉为"有特殊见解和成就"的青年学者。

1951年到美国普林斯顿高级研究院工作，1953年在哥伦比亚大学任教，他还是美国科学院院士。

　　长期以来，李政道在理论物理学的许多领域进行了创造性研究，其中弱相互作用中宇称可能不守恒的发现具有划时代意义。1957 年，诺贝尔物理学奖第一次授予两名美籍华人物理学家。年仅 31 岁的李政道，因和杨振宁教授共同提出弱相互作用中宇称可能不守恒理论而同获此殊荣。这个理论打破了宇称守恒定律普遍适用的旧观念，促进了基本粒子的物理研究。李政道还建立了非拓扑性孤立子场理论，并发现了被称为孤立子星的一大类新的广义相对论的天文学解。

　　李政道热爱祖国，关心祖国的教育科研工作，他是清华大学、复旦大学、中国科技大学等校的名誉教授。由于他在科学上所做出的杰出贡献，1997 年 5 月，中国科学院紫金山天文台将 3443 号小行星命名为李政道星。

丁肇中（1936～　　）　美籍华裔实验物理学家，诺贝尔物理学奖获得者。1936 年 1 月 27 日生于美国密歇根州，3 个月后随父母回

中国。1956 年到美国密歇根大学物理系和数学系学习，1960 年获硕士学位，1962 年获物理学博士学位。丁肇中具有出色的实验能力，能够很好地组织许多科学家一起进行规模宏大的研究，并善于从实验现象中取得新的突破。丁肇中和他的同事在 1974 年发现了一种新的基本粒子——J 粒子，它具有非常独特的性质。这个发现使有关基本粒子的研究又活跃了起来，并取得了许多成果。由于这一突出贡献，丁肇中和美国物理学家 B. 里希特共获 1976 年的诺贝尔物理学奖。这距 J 粒子的发现仅有两年时间，这也体现出人们对他的工作的高度评价。

　　丁肇中在获奖后继续进行探索，所研究的都是非常有意义的课题，如宇宙的起源等。丁肇中热心培养中国高能物理学人才，他是中国科学技术大学名誉教授、中国科学院高能物理研究所学术委员会委员。

崔琦（1939～　　）　美籍华裔物理学家，诺贝尔物理学奖获得者。1939 年 2 月 28 日生于中国河南宝丰。1958 年到美国伊利诺伊州的奥古斯塔纳学院学习，那时全校只有他一名华裔学生。他以优异的成绩从学院毕业。崔琦治学严谨、专心致志，对自己钟爱的物理学研究事业非常投入。他喜爱做物理实验，需要时常常是全身心地投入研究，以致他的研究工作非常出色、非常有效率。在发现了"分数量子霍尔效应"后两年，他便于 1984 年赢得"美国科学院院士"荣誉头衔及巴克利物理大奖。此后又与另两位科学家因发现强磁场中相互作用的电子能形成具有分数分子电荷的新型"粒子"而获得 1998 年诺贝尔物理学奖。2000 年，崔琦当选为中国科学院外籍院士。

哥白尼，N.（Nicolaus Copernicus，1473～1543）波兰天文学家，日心说创立人。1473 年 2 月 19 日生于波兰托伦城，1543 年 5 月 24 日卒于弗龙堡。哥白尼一生最大的成就是以科学的日心说推翻了在天文学上统治了 1000 余年的地心说，引起了人类宇宙观的革新。

　　1503 年，哥白尼获得宗教法博士学位。1512 年他写成《论天体运行的假设》，此书直到 1543 年改名为《天体运行论》才正式出版。1543 年 5 月 24 日

《天体运行论》印成后送到久病不起的哥白尼手中，一小时后他就与世长辞了。日心说引起教会的恐慌，教会当局宣布日心说为邪说，把《天体运行论》列为禁书，对哥白尼和他的拥护者进行攻击和迫害。《天体运行论》的发表，在自然科学发展史上是一次革命，它向教会权威挑战，使自然科学从神学中解放出来，沉重地打击了封建神权统治。

伽利略，G.（Galileo Galilei，1564～1642）
伽利略是意大利物理学家、天文学家、哲学家。1564 年 2 月 15 日生于比萨，1642 年 1 月 8 日卒于比萨。伽利略 17 岁时进比萨大学学医，同时钻研物理学和数学。25 岁时任比萨大学教授，后来做了著名的比萨斜塔实验。他不盲目崇拜亚里士多德的理论，而主张通过观察、实验与独立思

伽利略著作《关于托勒密和哥白尼两大世界体系的对话》第一版封面　图中人物为亚里士多德（左）、托勒密（中）和哥白尼（右）

考来重新研究自然界，并且勇敢地宣传真理，是经典力学和实验物理学的先驱者。他通过大量实验发现了伽利略相对性原理和落体定律，还发明了温度计。在天文学方面，制作了伽利略望远镜并第一个利用望远镜观察天体，取得了大量成果。

伽利略独立思考，不迷信权威，支持和发展日心说，因此多次受到罗马教廷的干预和禁止。1632 年发表了《关于托勒密和哥白尼两大世界体系的对话》，有力地支持和发展了哥白尼的日心说，因而触怒了罗马教皇。1633 年，年近七旬而又体弱多病的伽利略被宗教裁判所多次审讯，并被判处终身监禁，后改为在家软禁。但他仍坚持科学著述，1638 年出版了系统总结一生研究成果的第二本著作《关于两门新科学的对话与数学证明对话集》。1637 年失明，失明后仍与学生研究用摆调节钟表、冲击理论及"真空"与大气压等问题。

由于在物理学方面有杰出贡献，并且创造出一整套将实验、物理思维和数学演绎三者巧妙结合的科学方法，所以后人称伽利略为"近代科学之父"。

牛顿，I.（Sir Isaac Newton，1642～1727）
牛顿有这样一句名言：如果说我比多数人看得远一点的话，那是因为我站在巨人们的肩上。

牛顿是英国物理学家、天文学家和数学家，经典物理学的奠基人。1642 年 1 月 4 日生于苏格兰林肯郡，1727 年 3 月 31 日卒于伦敦。

牛顿于 1665～1666 年建立了微积分学，此外还创立了二项式定理，传说的具浪漫主义色彩的"苹果落地"的故事也发生在这段时间里。1668 年被任命为主修课研究员。1669 年，年仅 27 岁的牛顿就担任了剑桥大学的数学教

授。1672 年当选为英国皇家学会会员，成为英国最有名望的学者。在剑桥大学的 25 年中，牛顿完成了许多科学杰作，如 1687 年在天文学家 E. 哈雷的鼓励和赞助下发表的《自然哲学的数学原理》，开创了自然科学发展史的新时期。

牛顿关于空间、时间、质量和力的学说是解决任何具体的力学、物理学和天文学问

题的总纲要。牛顿在伽利略等人的工作基础上深入研究确立了经典力学的基础——牛顿运动定律。他深入研究 J. 开普勒等人的工作，运用他创造的流数（微积分初步）理论，发现了万有引力定律，完成了开普勒三定律和万有引力定律间相互关系问题的论证。牛顿还对色散、颜色的理论和光的本性等做了大量的研究工作。他建立了第一流的光学实验室，并进行了最早用三棱镜分解阳光的实验。1704 年牛顿的《光学》一书出版。在光的本性问题上，牛顿主张"光的微粒说"。1668 年牛顿制成了世界上第一架反射式望远镜。1671 年经过改革又制成了世界上第二架反射式望远镜。由于这项发明，牛顿被选为皇家学会的会员。这架望远镜至今还保存在皇家学会的图书馆里。1703 年牛顿被选为皇家学会的会长。

　　牛顿对科学工作坚定不移、积极勤奋、百折不挠，把抽象的理论洞察力和高超的实验技能成功地结合在一起，从而奠定了经典力学的基础，促进了整个经典物理学的发展。自 1696 年离开剑桥大学后，他便终止了对科学的创造性贡献，而进行神学的研究，晚年花费心血写出了 150 万字的神学著作。

瓦 特，J.（James Watt, 1736～1819）英国蒸汽机发明家。1736 年 1 月 19 日生于

瓦特在做实验

格拉斯哥，1819 年 8 月 25 日卒于希斯菲德。瓦特年轻时在苏格兰格拉斯哥大学从事修理仪器工作。1764 年在修理一台纽可门式蒸汽机后，开始对蒸汽机进行改进。1765 年设计出一种与汽缸分离的冷凝器。1781 年发明了行星式齿轮，将蒸汽机的往返运动变为旋转运动。1782 年发明带有双向装置的新汽缸。1784 年发明平行运动连杆结构。1788 年发明离心调速器的节气阀。1790 年发明压力表。这些发明使瓦特蒸汽机配备齐全，切合实用，从而使瓦特蒸汽机被广泛使用。1785 年，瓦特因蒸汽机改进方面的重大贡献，被选为皇家学会会员。为了纪念瓦特为人类做出的贡献，人们将功率的单位命名为"瓦特"。

安 培，A.-M.（André-Marie Ampère, 1775～1836）靠自学取得成就的法国物理学家。1775 年 1 月 22 日生于里昂，1836 年 6 月 10 日卒于马赛。

　　安培 12 岁就几乎掌握了当时所有的数学知识，他贪婪地阅读各种出版物，最感兴趣的是数学和几何学。1799 年开始系统地研究数学，最初在勃格学院任教，1809 年被聘请到巴黎工科学校任数学教授。1814 年被选为帝国学院数学部成员。

　　1820 年 9 月 4 日，安培在法国科学院会议上获悉，丹麦物理学家 H.C. 奥斯特在哥本哈根发现一根通电导线会对磁针产生影响。于是安培就在奥斯特的实验基础上继续研究。仅仅花了两个多星期的时间，他就在科学院周会上连续发表报告，揭示电和磁之间的关系。他提出：磁铁能用通电导线来代替；当两根平行导线通入同向电流时，彼此吸引，通入反向电流时，彼此排斥。安培还指出：

绕成螺线管的导线通入电流时，它的磁性如同一根条形磁铁。为了解释这些物理现象，安培提出了著名的"分子电流"的假设，因此安培被称为电动力学的先导者是当之无愧的。1822 年，安培在科学学会上宣读了他的著名定律——安培定律：两根带电长导体之间力的大小，与导线中的电流的乘积成正比，与导线的长度成正比，但与导线间距离成反比。"电动力学"这一名称也是由安培创造的。安培是发展电测量技术的第一人，他制造了一种仪器——电流计，利用自由移动的针来测量电的流动。为了纪念安培在电磁学上的贡献，人们把电流的单位命名为"安培"。

欧姆，G.S.（Georg Simon Ohm, 1787～1854）
德国物理学家。1787 年 3 月 16 日生于巴伐利亚的埃朗根，

1854 年 7 月 6 日卒于慕尼黑。1811 年毕业于埃朗根大学并取得哲学博士学位，后在班贝格等地的中学任教。1817 ～ 1826 年在科隆大学预科教授数学

在欧姆的实验装置中，悬挂着的磁针可指示电流的大小。

和物理学，以后在柏林从事研究并任教。1833 年任纽伦堡综合技术学校物理学教授。1849 年任慕尼黑大学教授直到逝世。

欧姆最重要的贡献是建立电路定律。他还设计了利用电流通过导线的磁效应引起磁针偏转而显示电流大小的仪器，用来研究电流与导线长度的关系。1826 年，他总结出关系式 $X = A/L$，式中 A 为导体两端的电势差，L 为电阻。此式就是现在的欧姆定律。为了纪念欧姆在电子方面的贡献，人们把电阻的单位命名为"欧姆"。

法拉第，M.（Michael Faraday, 1791～1867）
英国物理学家、化学家。1791 年 9 月 22 日生于萨里郡纽因顿，1867

年 8 月 25 日卒于维多利亚。1821 年他任皇家学院实验室总监，1824 年被选为皇家学会会员，1825 年接替 H. 戴维任实验室主任。1846 年法拉第荣获伦福德奖章和皇家勋章。1831 年，法拉第发现了电磁感应现象，提出了法拉第电磁感应定律，这是现代电工学的基础。1834 年，法拉第研究电流通过溶液时产生的化学变化，提出了法拉第电解定律，这是电荷不连续性最早的证据，为发展电结构理论开辟了道路，也是应用电化学的基础。法拉第反对超距作用，认为作用的传递都必须经过某种物质即场的媒介。他还详细研究了电场和磁场，得出了许多重要的结论。1845 年法拉第发现一束平面偏振光在通过磁场时会发生旋转，即后人所称的"法拉第效应"。他还将一层薄薄的铁粉撒在一块硬纸板上，又将纸板放在磁铁上面，轻轻抖动纸片，铁粉就在围绕磁铁的位置呈辐射状，并整齐地排列起来。由于这种现象，法拉第于 1852 年引进了磁力线的概念。法拉第是杰出的实验天才，他设计了一套装置，将铜盘在大的永久磁场中旋转，把盘的轴心和边缘接上导线，就能引出电流，因而成功地制造了世界上第一台发电机。

法拉第在化学上也有显著的贡献。他首先液化了氯气和其他一些气体，还分离出苯，制造出类似不锈钢的优质钢。法拉第提出的光的电磁性、磁力线等概念为麦克斯韦电磁

场理论开辟了道路，人们称他是电磁理论的奠基人。为了纪念法拉第对电磁学的贡献，人们把电容的单位命名为法拉。

麦克斯韦，J.C.（James Clerk Maxwell, 1831～1879） 英国物理学家。1831 年 11 月 13 日生于苏格兰的爱丁堡，1879 年 11 月 5 日卒于剑桥。1846 年，只有 15 岁的麦克斯韦就写出了一篇论文，并获准在爱丁堡的皇家学会上宣读。麦克斯韦是英国著名的爱丁堡大学和剑桥大学的研究生。在剑桥大学，师从于出色的数学教师——霍普金斯。麦克斯韦最辉煌的科学成果在有生之年并未被人们理解，直到他去世后近 10 年，由于另一位科学家 H.R. 赫兹的实验证实，人们才认识到他的伟大成就。

1871 年麦克斯韦创立并主持世界上著名的卡文迪什实验室。这个实验室是科学史上最重要、最著名的学术中心，现仍是世界著名的实验室之一，培养出了许多杰出的科学家，如诺贝尔化学奖获得者 E. 卢瑟福和诺贝尔物理学奖获得者 W.L. 布拉格。

麦克斯韦一生中最重要的贡献就是在 1864 年建立了麦克斯韦方程。它是一组描述电磁基本运动规律的方程。这个方程在电磁学中的地位与牛顿定律在力学中的作用相当，所以他在物理学史中是可以与牛顿相提并论的人物。麦克斯韦从理论上预言有电磁波存在并预言它在真空中以光速传播。1887 年赫兹发现了电磁波，因而后人才得以发明无线电、雷达、电视等。麦克斯韦电磁理论的建立，使许多神话中的幻想变成现实：长距离的相互通话，坐在家中欣赏千里之外的精彩表演，探测与人们相距数亿光年的遥远星系的信息等。没有麦克斯韦的电磁理论，就没有无线电通信、自动控制等技术的发展。

在 A. 爱因斯坦创立了相对论之后，人们发现在高速运动下牛顿定律必须修改。当量子理论建立起来时，人们又发现微观领域中牛顿定律不再适用，而麦克斯韦方程在这两种情况下却仍然正确。因而麦克斯韦电磁理论可以说是迄今人们所得到的最完美、应用也最广泛的一种理论。

麦克斯韦在热力学和分子运动论方面也做了不少出色的工作。他利用统计方法得到气体分子速率的分布，称为麦克斯韦分布。除此之外，他还做了大量的有创造性的文献整理工作，他担任《不列颠百科全书》第九版的科学编辑，并撰写了许多条目。

伦琴，W. K.（Wilhelm Krad Rontgen, 1845～1923） 德国实验物理学家。1845 年 3 月 27 日生于伦内普，1923 年 2 月 10 卒于慕尼黑。1865 年入瑞士苏黎世联邦工业大学，1869 年获博士学位，1870 年返回德国。1879 年担任吉森大学

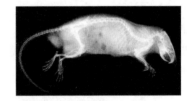

图为早期 X 射线实验小鼠，不用解剖就可以看清它的骨架。

的物理学教授和该校物理研究所所长的职务。1888 年任维尔茨堡大学的物理学教授和物理研究所所长，1894 年当选为该校校长。

1895 年 11 月 8 日，伦琴像平常一样在实验室里进行着阴极射线的实验，突然发现了不寻常的奇特现象：在相距 2 米远的一块做别的实验用的涂有荧光物质铂氰化钡的硬纸板上出现了一片亮光，并能使包在黑纸里的照相底片感光。伦琴深入研究这种看不见的射线，终于获得了结果，并将这种射线称为 X 射线。后来，人们为了纪念伦琴的发现，又把这种射线叫作"伦琴射线"，伦琴也因此获得英国皇家学会伦

福德奖章。1901 年，第一届诺贝尔物理学奖也颁给了伦琴。

X 射线问世以后，大批科学家通过对 X 射线的研究和利用 X 射线进行研究，使一系列高水平研究成果纷纷产生，如 1896 年 A.-H. 贝克勒尔发现的放射性、1898 年居里夫妇发现的放射性元素钋和镭。

爱迪生，T.A.（Thomas Alva Edison, 1847 ～ 1931）

如果有人讲这样一个故事：从前有一个孩子喜欢观察思考问题，小时看见母鸡孵小鸡，他也要亲自试一试，居然小心翼翼地蹲在鸡蛋上学老母鸡的样子……这时，你一定会说：我知道，这是爱迪生！是的，他就是闻名世界的美国大发明家爱迪生。

爱迪生 1847 年 2 月 11 日生于美国俄亥俄州的迈兰，1931 年 10 月 18 日卒于新泽西州西奥兰治。爱迪生小时候很爱动脑筋和思考问题，对周围发生的一切事物都感到非常好奇。对物理、化学非常感兴趣，家里的地窖成了他的“实验室”。

1863 年他开始学习报务，后从事过报务工作。1868 年他的第一个发明问世了，这就是电动选举记录器。1873 年他设计制造了二重发报机，经过改进又于 1874 年制造了四重发报机，能同时发送 4 个消息。1877 ～ 1878 年，爱迪生发明了炭质电话发话机，随后又发明了一种会说话的机器，这就是留声机。1879 年 10 月，他用炭丝做成白炽灯，点燃了 40 个小时，成为世界上第一个可供使用的白炽灯。1882 年爱迪生在纽约建立了第一个发电站，从此人们的夜间生活充满了一片光明。

1883 年他发现热电子发射现象，即人们称的“爱迪生效应”。1888 年他发明了电影摄影机，大大丰富了人们的文化生活。经过了十几年 5 万多次的实验，1909 年他发明的碱性蓄电池问世了。爱迪生最后的发明是人造橡胶。

爱迪生一生完成了 2000 多项发明，在专利局正式登记的有 1300 种左右。1882 年一年他发明的项目就有 141 种，是最高纪录年，平均每 3 天就有一种新发明，这样惊人的成绩直到现在世界上还没有一个人能和他相比。人们称这位伟大的发明家是天才，但爱迪生说“天才，就是百分之一的灵感，百分之九十九的血汗”。

贝尔，A.G.（Alexander Graham Bell, 1847 ～ 1922）

1876 年，美国费城举行了一次盛大的博览会。一天巴西国王前来参观。

贝尔正在为世界第一部电话机作通话实验

年青的贝尔请他把听筒放在耳边，而自己在远处说话。国王听到贝尔的声音，吃惊地大叫道：“我的上帝，他说话了！”贝尔告诉国王，这是电话。

贝尔是电话发明人。1847 年 3 月 3 日生于英国苏格兰爱丁堡，1922 年 8 月 2 日卒于加拿大布雷顿。1873 年被美国波士顿大学聘为发声生理学教授。贝尔在多路电报通信的实验过程中，突然意识到如果同一条电线能传送不同音调，不是可以把声音传递过去吗？因为声音就是由高低不同的音调组成的。于是，贝尔便开始了电话研究，终于在 1876 年发明了电话机。1878 年，他成功地完成了相距 300 多千米的波士顿和纽约之间长途电话通话的实验。三个月后他成立了贝尔电话公司，从此电话得到了迅速发展，为人们的工作和生活带来极大的方便。

卡默林 - 昂内斯，H.（Heike Kamerlingh Onnes, 1853～1926）荷兰低温物理学家。1853年9月21日生于格罗宁根，1926年2月21日卒于莱顿。因制成液氦和发现超导现象，1913年获诺贝尔物理学奖。他在担任莱顿大学物理实验室负责人后，就决定把研究低温物理作为主攻方向。昂内斯领导的莱顿大学物理实验室为了满足低温研究的需要，于1892～1894年建成了大型的液化氧、氮和空气的工厂，1906年可以大量生产液氢，为液化氦打下了坚实的基础。在1908年7月10日成功地液化了氦。为在液氦温度下研究物质的性质创造了条件。金属的电阻问题是昂内斯的一个重要研究课题。昂内斯最初相信的是开尔文于1902年提出的另一种观点，即随着温度的降低，金属的电阻在达到一极小值后，会由于电子凝聚到金属原子上而变为无限大。昂内斯由于掌握了液化氦的技术，因而具备了从实验上研究这一问题的条件。1911年2月，他测量了金和铂在液氦温度下的电阻，发现在4.3K以下，铂的电阻保持为一常数。而不是通过一极小值后再增大。因此他改变了原来的看法，而认为纯铂的电阻应在液氦温度下消失。1913年，昂内斯又发现锡和铅也具有和汞一样的超导电性，不纯的汞也具有超导电性。

汤姆孙，J.J.（Joseph John, Thomson 1856～1940）英国物理学家。1856年12月18日生于曼彻斯特，1940年8月30日卒于剑桥。14岁进曼

彻斯特欧文学院学习工程。1876年入剑桥大学三一学院，毕业后，进入卡文迪什实验室进行电磁场理论的实验研究工作。1884年，年仅28岁便当选为皇家学会会员。同年末，又继瑞利之后担任卡文迪什实验室教授。

汤姆孙用旋转镜法测量了阴极射线的速度，否定了阴极射线是电磁波。他又通过阴极射线在电场和磁场中的偏转，得出了阴极射线是带负电的粒子流的结论。他进一步测定了这种粒子的荷质比，与当时已知的电解中生成的氢离子的荷质比相比较，他假定阴极射线的电荷与氢离子的电荷相等而符号相反，从而得出阴极射线粒子的质量比氢原子的质量小得多。他还给放电管中充入各种气体进行试验，发现其荷质比跟管中气体的种类无关。由此他得出结论，这种粒子必定是所有物质的共同组成成分。汤姆孙把这种粒子叫作"电子"。1906年，汤姆孙由于在气体导电方面的理论和实验研究而荣获诺贝尔物理学奖。

齐奥尔科夫斯基，K.E.（Konstantin Eduardovich Tsiolkovsky, 1857～1935）苏联科学家，现代航天学和火箭理论的奠基人。1857年9月5日生于伊热夫斯科耶镇，1935年9月19日卒于卡卢加。9岁时因病留下了耳聋的后遗症，被迫辍学，自修了中学和大学的数理课程。

1903年，齐奥尔科夫斯基发表著名论文《利用喷气工具研究宇宙空间》，推导出著名的齐奥尔科夫斯基公式，对利用火箭发射人造卫星以及宇宙飞船的构造都提出了设想，如飞船应与外界隔绝，人在太空中要依靠专门的生命保障系统等。他的许多设想已经成为现实。

齐奥尔科夫斯基对火箭也进行了深入的研究，他指出：提高火箭的速度不是靠增大火箭的质量和尺寸，而是要通过提高火箭的喷气速度和最初的起飞重量与最后的火箭重量的比值。人们现在利用多级火箭将人造地球卫星和宇宙飞船送入太空就是由齐奥尔科夫斯基的理论和设想实现的。

在很长一段时间里齐奥尔科夫斯基的研究成果没有得到承认，他常受到嘲笑，并为缺乏研究经费苦恼。但他仍坚持自己的研究，最终得到了人们的承认和支持。1919年，他成为苏联科学院院士，1932年苏联政府授予他劳动红旗勋章，1954年苏联科学院设立齐奥尔科夫斯基金质奖章，人们还用他的姓氏为月球上的一个环形山命名。

齐奥尔科夫斯基是征服宇宙的先驱思想家和理论家，他一生写了730多篇论著，包括一些科幻作品和有关语言学、生物学等著作。他曾说过"地球是人类的摇篮，人类决不会永远躺在这个摇篮里，而会不断探索新的天体和空间。"

波波夫，A.S.（Aleksandr Stepanovich Popov, 1859～1906）　俄国物理学家，无线电通信的创始人之一。1859年3月16日生于乌拉尔，1906年1月13日卒于圣彼得堡。1882年毕业于彼得堡大学。1895年5月7日波波夫在彼得堡的俄国物理化学会的物理分会上，宣读了论文《金属屑与电振荡的关系》，并当众展示了他发明的无线电接收机。不久波波夫用电报机代替电铃作接收机的终端，形成了比较完整的无线电收发报系统。1896～1900年，他不断进行远距离通信的实验，到1900年，他使电台的通信距离增加到45千米。为了纪念波波夫在无线电方面的贡献，1945年苏联政府将5月7日定为苏联无线电节。

尼普科夫，P.G.（Paul Gottlieb Nipkow, 1860～1940）　德国发明家。1860年8月22日生于劳恩堡，1940年8月24日卒于柏林。1884年他发明了"扫描转盘"。尼普科夫设计的这种会转动的轮盘，上面布满了一连串以螺旋样式排列的方形小孔，可以用来扫描物体影像。它利用了人眼睛"视觉暂留"效应，即人对所看过的物体影像，能在眼中停留1/16秒的时间。当轮盘转动的时候，每1个小孔会经过影像的不同部位，所以轮盘需要转1周才能完整扫描到1个物体画面。当圆盘转得足够快的时候，就好像我们对着小窗在圆盘上开了一个同样大小的洞一样。扫描的图像经过硒光电管进行电转换，实现了画像电传扫描的设想。人们称这是"机械式电视机的雏形"。

费森登，R.A.（Reginald Aubrey Fessenden, 1866～1932）　美国物理学家。1866年10月6日生于加拿大魁北克省米尔顿，1932年7月22日卒于百慕大。他是首次在世界上成功进行无线电广播的人。1906年12月24日圣诞节之夜，费森登使用一台功率为1千瓦、频率为50赫兹的交流发射机，借助麦克风在美国马萨诸塞州进行调制、播发讲话和音乐，向人们祝贺圣诞节，许多地区，包括海上的船只都可清楚地收听到。虽然前后不过几分钟，但却预示着人类传播信息的一次革命。从此，人类开始有了无线电广播播出的节目。1907年他又将通信距离延长到320千米，送到了纽约。他一生曾获得500项专利。

莱特兄弟（Wright brothers）　莱特兄弟是世界航空先驱、美国飞机发明家。W.莱特1867年4月16日生于印第安纳州米尔维尔，1912年5月30日卒于俄亥俄州代顿。

O.莱特 1871 年 8 月 19 日生于俄亥俄州代顿，1948 年 1 月 30 日卒于出生地。莱特兄弟仅读完中学课程，自幼对飞行怀有浓厚兴趣，曾仿制过"竹蜻蜓"，早年从事自行车修理和制造。1900～1903 年间他们共制造三架滑翔机。在第三架滑翔机基础上制成的飞机安装一台自制的 8.8 千瓦（12 马力）功率的内燃机，带动两副二叶推进式螺旋桨，采用升降舵在前、方向舵在后的鸭式布局。这架飞机被命名为"飞行者"1 号。1903 年 12 月 17 日，"飞行者"1 号在基蒂霍克试飞成功。

　　1904～1905 年，莱特兄弟又制造了"飞行者"2 号和"飞行者"3 号。后者是世界上第一架实用的飞机，它能转弯、倾斜和盘旋飞行，留空时间超过半小时。1906 年，莱特飞机的专利在美国得到承认。1908～1909 年，莱特兄弟正式接受美国陆军部的订货并组建了莱特飞机公司，还签订了在法国建立飞机公司的合同。

　　航空先驱莱特兄弟受到人们的崇敬，人们在美国北卡罗来纳州基蒂霍克莱特飞机试飞成功的地方，竖立起一座莱特兄弟的纪念碑。

居里夫人（Marie Curie, 1867～1934）

居里夫人原名玛丽娅·斯克罗多夫斯卡，是著名的物理学家和化学家。1867 年 11 月 7 日生于波兰华沙，1934 年 7 月 4 日卒于法国萨拉西沃。居里夫人一生从事于放射性元素的研究工作。她检查了几乎所有的化合物，发现了与铀相似的钍化合物。接着又检查沥青铀矿、辉铜矿等多种矿物，经过反复实验，在沥青铀矿中发现一种放射性比铀或钍强得多的元素。为了研究这种新元素，她和丈夫废寝忘食，昼夜不停地工作，终于在 1898 年 7 月分析出这种放射性比纯铀强 400 倍的新元素，为了纪念祖国波兰，她把这种新元素命名为"钋"。经过继续努力，同年 12 月，

居里夫妇工作之余最主要的休闲活动是骑自行车旅行

他们又发现了另一种新元素，并第一次测出这种元素的原子量，这就是"镭"。在当时极其恶劣和非常简陋的条件下，她不顾个人的健康艰苦地工作了整整 4 年，终于在 1902 年从数吨沥青铀矿的残渣中提炼出了微量（1/10 克）的氯化镭。由于这些重大的发现，居里夫妇与贝克勒尔共同获得 1903 年诺贝尔物理学奖。1906 年，居里因车祸不幸去世，居里夫人接任了丈夫在巴黎大学的物理学教授职位，成为该校第一位女教授。1907 年她提炼出纯氯化镭，1910 年又分析出纯镭元素，还测定了氡及其他很多元素的半衰期，并研究出放射性元素的衰变关系。

　　由于这些重大的成就，居里夫人于 1911 年再次获得诺贝尔化学奖。不幸的是，这位杰出的女科学家，由于长期接触放射性物质而患上了白血病，于 1934 年 7 月 4 日在法国逝世。为了纪念这位杰出的女科学家对放射性元素研究的重大贡献，后人把放射性强度的单位定为"居里"。

　　居里夫人一生中担任 25 个国家 104 个荣誉职位，接受过 7 个国家 24 次奖金或奖章。她与丈夫、女儿、女婿一起被称为"居里家族"，以其放射性研究在近代科学技术发展中所做的贡献而闻名于世，居里家族先后获 3 次诺贝尔奖。

卢瑟福，E.（Ernest Rutherford, 1871～1937）

英国物理学家，1871 年 8 月 30 日生于新西兰纳尔逊，1937 年 10 月 19 日卒于英国剑桥，与 I. 牛顿和 M. 法拉第并排安葬。1895 年在

新西兰大学毕业后入英国剑桥大学卡文迪什实验室，成为 J.J. 汤姆孙的研究生。

1897 年卢瑟福发现了铀射线由两种成分组成，一种是易被吸收的射线，他称之为 α 射线；另一种是穿透性强的射线，他称之为 β 射线。同时他还根据实验预言，可能存在一种穿透能力更强的射线，这就是后来发现的并由他命名的 γ 射线。1898 年卢瑟福在卡文迪什实验室研究生毕业后，除教学之外，他继续研究放射性，于 1902 年首先发现了放射性元素的半衰期，提出放射性是元素自发衰变现象。1905 年他应用放射性元素的含量及其半衰期，计算出太阳的寿命约为 50 亿年，开创了用放射性元素半衰期计算矿石、古物和天体年纪的先河。卢瑟福在放射性研究上取得的一系列重大成果，使他扬名于世。卢瑟福以特有的洞察力和直觉，抓住 α 粒子轰击原子时发生 α 粒子急转弯的这个反常现象，从原子内存在强电场的思想出发，1911 年构思出原子的核式结构模型。

1919 年卢瑟福继汤姆孙之后，担任卡文迪什实验室领导，将卡文迪什实验室的研究发展到一个新的高峰，将物质微观结构的研究推向崭新的阶段，同时也培养出了许多青年科学家。卢瑟福 1908 年获诺贝尔化学奖。他一生发表论文约 215 篇、著作 6 部，培养了 10 位诺贝尔奖获得者。1925 年他当选为英国皇家学会主席。

哈 恩，O.（Otto Hahn, 1879 ～ 1968）德国放射化学家。1879 年 3 月 8 日生于法兰克福，1968 年 7 月 28 日卒于格丁根。哈恩早期的贡献主要在于发现天然放射性同位素。20 年代初到 30 年代中，他的研究重点在于把放射化学方法应用于各种化学问题。1938 年，发现重核裂变反应。重核裂变的意义不仅在于中子可以把一个重核打破，关键是在于中子打破重核的过程中，同时释放能量。核裂变的发现使世界开始进入原子能时代。由于发现核裂变，哈恩获得 1944 年诺贝尔化学奖。

为了不让当时统治德国的纳粹政权掌握了原子能技术，哈恩拒绝参与任何有关这方面的研究。第二次世界大战后，他还为德国科学事业的重建和反对核军备的和平运动，进行了不懈的努力。

爱因斯坦，A.（Albert Einstein, 1879～1955）德裔美国科学家，1879 年 3 月 14 日生于德国乌耳姆镇，1955 年 4 月 18 日卒于美国普林斯顿。1905 年 3 ～ 9 月的 6 个月内，爱因斯坦在 3 个不同领域中都取得了重大突破，这就是：光量子论、分子运动论和狭义相对论。

当时他不过 26 岁，所有研究只能利用业余时间来进行，而且没有名师指导。半年内分别在 3 个领域中取得历史性成就，这在科学史上是没有先例的。此后，他经过 8 年的艰苦努力，又创立了广义相对论。

由于狭义相对论震动了物理学界，他从 1909 年起，先后被苏黎世大学、布拉格大学等校聘为教授。1914 年他到柏林担任威廉皇帝物理研究所所长兼柏林大学教授，这是欧洲大陆上一个极为崇高的学术职务。1921 年爱因斯坦获得诺贝尔物理学奖。

1933 年，希特勒上台后，爱因斯坦因为是犹太人成为科学界首个被迫害的对象，被迫转到美国，在普林斯顿任高级研究院教授。1939 年，在获悉铀裂变及其链式反应的发现后，上书美国总统，建议研制原子弹，以防德国占先。第二次世界大战结束前夕，他对美国在日本投下原子弹表示强烈不满。战后，他为开展反对核战争的和平运动进行了不懈的努力。

爱因斯坦的杰出成就来自坚韧不拔的毅力，他对成功给出过一个有名的公式，就是 A=X+Y+Z，他解释说："A 代表一生的成就，X 代表你付出的艰苦劳动，Y 表示由于劳动所得的乐趣，而 Z 则是谦逊，不夸夸其谈。"

玻尔，N.H.D.（Niels Henrik David Bohr, 1885 ～ 1962） 当安徒生为人们构造了一个优美的精神世界之后，还有一位丹麦人却

在一个物质的微观世界里耕耘，他就是玻尔。玻尔是近代物理学家。1885 年 10 月 7 日生于哥本哈根，1962 年 11 月 16 日卒于哥本哈根。他因研究原子结构及其辐射的出色成就，荣获 1922 年诺贝尔物理学奖。

玻尔一生在物理学研究中取得了许多伟大的成果。他提出了氢原子结构和氢原子光谱理论，在光谱学、核物理等领域都做出了重要贡献。玻尔最重要的贡献是在量子物理学方面的建树。20 世纪初，玻尔和其他一些科学家经过辛勤的工作，建立了量子力学，展示了自然界更深奥的秘密，告诉人们物理学中还有无数未知的领域等待去探索。量子力学的建立，还使人们对整个世界的认识前进了一大步。

玻尔能取得丰硕的成果不是偶然的。他从小就养成认真思考的习惯，在工作中刻苦努力、一丝不苟的作风也使得他能够对自然规律进行不懈的探索。玻尔不满足于发现一些现象，更希望能找到内在规律，这使他能比其他人思考

得更深入。玻尔不仅在科学上做出了杰出贡献，还为和平事业付出了许多精力。他曾营救过许多受到纳粹法西斯迫害的科学家。他参加了原子弹的研制工作，但目的是为了尽快战胜法西斯，后来他致力于反对核武器，促进和平利用核能的活动。

查德威克，J.（James Chadwick, 1891 ～ 1974） 我们知道，原子是由带正电荷的原子核和围绕原子核运转的带负电荷的电子构成的。起初，人们认为原子核的质量应等于带正电荷的质子质量的总和。可是，研究发现，它们并不相等！也就是说，原子核除去含有带正电荷的质子外，还应该含有其他的粒子。那么，那种"其他的粒子"是什么呢？ 解决这一物理难题，发现那种"其他的粒子"是"中子"的人就是查德威克。

查德威克是英国物理学家。1891 年 10 月 20 日生于曼彻斯特，1974 年 7 月 24 日卒于剑桥。1911 年毕业于曼彻斯特大学，后又在柏林大学和剑桥大学深造。1948 年起任剑桥大学戈维尔和凯尔斯学院院长。他是 E. 卢瑟福的学生和亲密的同事。1931 年，约里奥 - 居里夫妇（居里夫人的女儿和女婿）公布了他们关于石蜡在"铍射线"照射下产生大量质子的新发现。查德威克立刻意识到，这种"铍射线"很可能就是由中性粒子组成的，这种中性粒子就是解开原子核质量之谜的钥匙！查德威克立刻着手研究约里奥 - 居里夫妇做过的实验，用云室测定这种粒子的质量，结果发现，这种粒子的质量和质子一样，而且不带电荷。他称这种粒子为"中子"。中子就这样被他发现了。他解决了理论物理学家在原子研究中遇到的难题，完成了原子物理研究上的一项突破性进展。查德威克因发现中子的杰出贡献，获得 1935 年诺贝尔物理学奖。

费米，E.（Enrico Fermi, 1901 ～ 1954）
美籍意大利物理学家。1901 年 9 月 29 日
生于罗马，1954 年 11 月 29 日卒于芝加哥。
1918 年进入比萨大学，1922 年获博士学位。
先后在德国格丁根大学和荷兰莱顿大学工作。
1926 年回罗马大学任教。

　　费米既重视理论研究也重视科学实验，
而且在这两方面都很出色，这正是他不断取得成功的重要原因。他对统计物理、原子物理、原子核物理、粒子物理、中子物理都有重要贡

费米在实验室里

献，发现了许多重要的现象和规律。由于发
现慢中子核反应及其产生的新核素，他获得
了 1938 年诺贝尔物理学奖。

　　费米在原子物理的研究上取得了不朽业
绩，为人类和平利用原子能做出了开创性的工
作，因而人们称他是原子时代的开创者之一。

　　为了纪念费米的卓越贡献，人们将用轰
击原子方法得到的第 100 号新元素命名为
"镄"，还设立了以他名字命名的"费米奖"，
表彰那些在原子研究方面做出突出贡献的科
学家。

STS 教育　STS 是科学（science）、技术
（technique）和社会（society）3 个单词的英
文缩写。它是一门研究科学、技术和社会关
系的交叉学科，也是一门应用性很强的实践
科学。它体现了一种新的价值观、科学观、
教育观和社会观。STS 教育是近年来世界各
国科学教育改革中形成的一个新的科学教育
构想，以强调科学、技术和社会的相互关系，
以科学技术在社会生产和发展中的应用为指
导思想而组织实施的科学教育。

　　STS 教育的基本内容是：突出科学和技
术的社会环境；注重知识的使用、解决问题
的技能、逻辑推理和做决策的能力；面向未
来的教育。其特点是强调参与意识的培养与
训练；强调科学、技术和社会的兼容；在科
学和技术的关系上，比以往更多地重视技术
教育；在科学和社会的关系上，强调价值取向；
在基本理论与实践的关系上，重视从问题出
发进行学习；强调素质教育而不是片面强调
精英教育。

　　尽管当前对 STS 问题的研究处于开始
阶段，人们远未对其做出全面深刻的论述，
但有条件开设 STS 课程，普及 STS 知识，
增强人们的 STS 意识，已经成为全民教育
的一种趋势。因此，设置有关课程进行 STS
教育或者在已有的相关课程中增加 STS 内
容是非常必要的。在物理教学中开展 STS
教育，是物理教学改革的一个重要课题，也
是实施素质教育的一种重要形式。物理教学
与 STS 教育相结合，是时代赋予教师的使命，
既能全面提高学生的素质，又能提高物理教
学质量。

国际物理学奥林匹克　国际物理学奥
林匹克的英文全名是 International Physics
Olympic，缩写为 IPhO。

　　国际物理学奥林匹克的宗旨是通过组织
国际性中学生物理竞赛来"促进学校物理教
育方面国际交流的发展"，以强调"物理学在
一切科学技术和青年的普通教育中日益增长
的重要性"。首届国际物理学奥林匹克于 1967
年在波兰的首都华沙举行。1986 年中国与美
国正式参加竞赛，这是国际物理学奥林匹克
史上的一件大事，因为中国的高理论教育水
平和美国的高科技水平是举世公认的。1995

年在中国北京成功地举行了第25届国际物理学奥林匹克。

国际物理学奥林匹克经过50年的成功举办，其国际声望越来越高，它的作用已被联合国教科文组织（UNESCO）和欧洲物理学会（EPS）所肯定。鉴于国际物理学奥林匹克在促进物理教育进步和推动国际交流上所取得的成绩，国际物理教育委员会（ICPE）于1991年10月向国际物理学奥林匹克颁发了永久性的铜质奖章，轮流由举办国保存。

全国中学生物理竞赛　全国中学生物理竞赛是在中国科学技术协会的领导下，由中国物理学会主办，学生自愿参加的群众性的课外学科竞赛活动。这项活动得到国家教育部基础教育司的批准和支持。竞赛的目的是促进中学生提高学习物理的主动性和兴趣、改进学习方法、增强学习能力；促进学校开展多样化的物理课外活动，活跃学习气氛；发现具有突出才能的青少年，参加国际物理学奥林匹克竞赛。

竞赛分为预赛、复赛和决赛。预赛由全国竞赛委员会统一命题，采用笔试的形式，所有在校的中学生都可以报名参加。在预赛中成绩优秀的学生经推荐，可以参加复赛。复赛包括理论和实验两部分。理论部分由全国竞赛委员会统一命题，满分为140分；实验部分由各省、自治区、直辖市竞赛委员会命题，每个考生做2～3个实验，由1～2位老师现场评分，满分为60分。根据复赛理论和实验的总成绩，由省、自治区、直辖市竞赛委员会推荐成绩优秀的学生参加决赛。决赛由全国竞赛委员会命题和评奖。每届决赛设一等奖15名左右、二等奖30名左右、三等奖60名左右。此外，还设总成绩最佳奖、理论成绩最佳奖、实验成绩最佳奖和女同学成绩最佳奖等单项特别奖。

全国中学生物理竞赛开始于1984年，每学年举行一次。从第二届开始，从全国中学生物理竞赛的一、二等奖获得者中选出中国准备参加国际物理学奥林匹克竞赛的集训队员。经过短期培训，从中选出正式参赛的代表队员。1986年7月，中国首次参加了在英国举行的第17届国际物理学奥林匹克竞赛，3名选手全部获奖。从第18届起，中国每年选派5名选手参赛，全部获奖，奖牌数位居参赛国前列。

条目标题汉语拼音音序索引

《中国中学生百科全书》(校园版)分册主要编辑出版人员

社　　长	刘国辉
责任编辑	程忆涵
责任印制	邹景峰
封面设计	李潇潇
排版制作	北京鑫联必升文化发展有限公司

《中国中学生百科全书》精装第一版主要编辑出版人员

特约编审　王德有　田胜立　王瑞祥

主任编辑　韩知更　徐世新

责任编辑　韩知更　余　会

编　　辑　(以姓氏笔画排序)

丁日昕　于淑敏　于瑞玺　马汝军　王玉玲　王丽莎　王　秋

邓　茂　卢　红　甘师秀　刘东风　刘金双　孙关龙　孙　克

安成福　张健松　李　文　李晓红　李　静　李　静　李　燕

苑　力　罗锡鹏　周　茵　屈加平　林　京　林建敏　金　钰

侯澄之　施荜善　赵　焱　倪　亮　徐世新　郭银星　高　原

曹　来　梁云福　楼　遂　满运新　解惠琴　蒯　晏　戴中器

审　　读　(以姓氏笔画排序)

于瑞玺　邓　茂　傅祚华　赵秀琴　杨小凯　常汝先　程力华

美术编辑　罗锡鹏　王晓桃

责任校对　李　静

责任印制　徐继康　乌　灵